Gerhard O. W. Fischer · Ketten- und Sonderkraftfahrzeuge

Gerhard O. W. Fischer

Ketten- und Sonderkraftfahrzeuge

Modelle und deren Vorbilder

NV NECKAR-VERLAG VILLINGEN-SCHWENNINGEN

Falls nicht anders angegeben, stammen alle Fotos vom Autor und den Modellbauern.

ISBN 3-7883-2117-2

3. überarbeitete Auflage 2000

Printed in Germany by Baur-Offset
Lichtensteinstraße 76, 78054 Villingen-Schwenningen

Inhalt

Vorwort

Als im Jahre 1982 mein Buch „Kettenfahrzeugmodelle" erstmals am Markt erschien, steckte dieser Modellbauzweig noch in den Anfängen. Es gab nur wenige Modellbauer, die sich mit einem Panzermodell in die Öffentlichkeit wagten, denn in keinem anderen Land, außer dem unseren, entzünden sich die Geister so sehr an der Frage, was denn eigentlich ein Kriegsspielzeug und was ein Modell ist. Zwischen Kriegsspielzeug und einem Modell besteht ein großer Unterschied. Diese Tatsache sehen oder wollen einige nicht sehen, weshalb es mir hier erlaubt sei, zu diesem Thema den Sachverhalt richtigzustellen. Das erscheint mir schon deshalb notwendig, weil manche behaupten könnten, es handle sich auch bei den in diesem Buch beschriebenen Panzermodellen um Kriegsspielzeug.

Kriegsspielzeug gibt es natürlich, und dieses lehne ich ebenfalls ab. Dabei handelt es sich z. B. um kleine Blechtanks und feuerspeiende Spielzeugkanonen, die nicht nur jeder Vorbildtreue entbehren, sondern auch in erster Linie nur der Verherrlichung der Gewalt dienen. Der Modellbau von Panzern ist jedoch etwas ganz anderes. Hier kommt es den Modellbauern einerseits auf die Vorbildtreue der heutigen und früheren Originale an und andererseits auf die Technik. Modelle sollen möglichst genau und bis ins Detail zeigen, wie die Originale aussehen bzw. ausgesehen haben, um Vergleiche anstellen zu können. Die technische Entwicklung und damit der Lauf der Zeit wird dadurch veranschaulicht. Bei Modellen, die im gleichen Maßstab gebaut werden, sind Größenvergleiche bei den einzelnen Typen möglich. Bei fahrbaren und ferngesteuerten Modellen kommt es darauf an, Lösungen für bestimmte technische Probleme zu finden und sie in die Praxis umzusetzen. Dazu ist oft viel Denkarbeit und Fingerfertigkeit erforderlich.

Das hat mit Kriegsspielzeug rein gar nichts zu tun, was jeder objektive Leser bestätigen wird.

Modellbauer sind weder Militaristen noch kalte Krieger. Es sind meist technisch interessierte Menschen, die Freude am Modellbau haben, den sie in ihrer Freizeit betreiben. Hier handelt es sich, wie ich meine, um eine sinnvolle Freizeitbeschäftigung von Menschen jeden Alters und aus allen Berufen.

Inzwischen widmen sich immer mehr Modellbauer dem technisch so interessanten Bau von Kettenfahrzeugmodellen und vollbringen auf diesem Gebiet wahre Meisterleistungen. Es gibt wohl kaum eine Modellbausparte, bei der die Technik so im Vordergrund steht und bei der als Baumaterial hauptsächlich Metall verwendet wird.

Im Laufe der Zeit haben sich bei mir Modellbauer gemeldet und von ihren Panzermodellen berichtet, so daß ich sozusagen zu einer Art Anlaufstelle aller Kettenfahrzeug-Modellbauer geworden bin. Deshalb begrüße ich es auch weiterhin, wenn mir Modellbauer von ihren Modellen berichten und so ein reger Erfahrungsaustausch stattfindet.

Der Panzermodellbau und überhaupt der Bau von Kettenfahrzeugmodellen aller Art wirft ganz besondere Probleme auf, die so oder so gelöst werden können. Ein Erfahrungsaustausch ist daher wünschenswert und für alle nützlich. Und so möchte ich mich an dieser Stelle an alle Modellbauer wenden, die ebenfalls schon einmal ein Kettenfahrzeugmodell gebaut haben. Ich würde mich freuen, von Ihnen zu hören, um in einer späteren Auflage dieses Buches evtl. auch über diese Modelle berichten zu können. Auch für Hinweise, welche Firmen Bausätze oder Zubehörteile liefern, wäre ich dankbar.

Gerhard O. W. Fischer

Wichtiger Hinweis!

Seit der allerersten Auflage dieses Buches im Jahre 1982, das damals noch unter dem Titel „Kettenfahrzeugmodelle“ erschien, musste es immer wieder überarbeitet bzw. sogar neu bearbeitet werden, da sich stets neue Modellbauer und Anbieter bei mir meldeten, die von ihren Panzermodellen und zivilen Kettenfahrzeugmodellen berichteten. So kam es, dass dieses Buch alle drei Jahre neu aufgelegt werden musste. Viermal wurde das Titelbild gewechselt, und da ab 1994 auch noch Sonderkraftfahrzeuge der ehemaligen deutschen Wehrmacht hinzu kamen, musste auch der Titel selbst in „Ketten- und Sonderkraftfahrzeuge, Modelle und deren Vorbilder“ geändert werden. Ebenfalls geändert hat sich in all den Jahren das Format und der Umfang.

Zählt man alle Überarbeitungen zusammen, so liegt nun die 7. Auflage dieses Buches vor ihnen. Ein Beweis, wie beliebt der Bau von Kettenfahrzeugmodellen heute ist und wie viele Menschen sich für diesen Modellbauzweig interessieren.

Um den Umfang dieses Buches nicht noch mehr zu vergrößern und damit den Preis in die Höhe zu treiben, habe ich mich bei dieser Auflage entschlossen, einige bisher in allen vorangegangenen Auflagen gezeigte Modelle und Kapitel herauszunehmen, um Platz für Neueingänge zu bekommen. Entnommen habe ich ebenfalls die Modelle von zwei zwischenzeitlich leider verstorbenen Modellbauern, nämlich den Herrn Sarrazin und Bangel, um den Ehefrauen Anfragen von anderen Modellbauern zu ersparen. Ferner gibt es die Firma Michael Rotthauwe nicht mehr. Alle Modelle dieser Firma werden jedoch von der neuen Firma Sd.-Kfz-Modellbau Thomas Wittgrebe weiterhin geliefert.

Abschließend noch eine ganz große Bitte an all diejenigen Leser, die sich mit Anfragen an die hier im Buch aufgeführten Modellbauer wenden wollen: Bitte legen Sie bei jeder Anfrage Rückporto bei, sonst kann Ihr Schreiben nicht beantwortet werden! Eigentlich eine Selbstverständlichkeit, die jedoch leider meistens nicht beachtet wird.

1. Etwas Panzer-Historie

Bereits im Jahre 1912 meldete der österreichische Oberleutnant Burstyn beim Kaiserlichen Patentamt in Berlin ein Patent für einen geländegängigen Kanonenwagen an, nachdem zuvor das KuK-Ministerium in Wien kein Interesse daran gezeigt hatte. Doch auch das Kriegsministerium in Berlin reagierte desinteressiert. Diese Fehleinschätzung Österreichs und Deutschlands machte sich ein britischer Korrespondent zunutze und beschaffte sich die Patentunterlagen. In England erkannte man sofort die Möglichkeiten und Vorteile eines solchen Fahrzeugtyps und bereits 1915 bauten die Engländer ein Versuchsmodell, welches den Namen LITTLE WILLI erhielt. Danach entstanden der MARK I, II, III, IV und V, die bereits in größeren Stückzahlen gebaut wurden. Diese von starken Motoren angetriebenen ersten Kettenfahrzeuge nannte man „Tanks". Sie waren so konstruiert, daß sie Granatlöcher und Schützengräben überwinden konnten.

Anfang September 1916 lieferten die englischen Fabriken 49 MARK I-Tanks aus, von denen 17 bereits auf dem Wege zur Front ausfielen. Am 15. September 1916 kam es an der Somme-Front zur ersten Schlacht, in der auf englischer Seite neun Tanks eingesetzt wurden. Sie durchbrachen bei Flers die deutschen Linien, da jedoch der nötige Nachschub fehlte, konnten die Engländer den Vorstoß nicht in eine große Offensive umsetzen. Während dieser Schlacht erbeuteten die Deutschen einen dieser Tanks. Nun erkannte man auch in Deutschland den Nutzen und die Vorteile eines solchen Fahrzeuges. Doch selbst nach den ersten britischen Tankeinsätzen, die bei den deutschen Soldaten Furcht und Panik hervorriefen, hatten die Überlegungen zur Tankabwehr auf deutscher Seite Vorrang. Erst am 13. November 1916 wurde das Kriegsministerium mit der Entwicklung der Konstruktion eines eigenen Kampfwagens beauftragt. Eine zunächst untergeordnete Dringlichkeitsstufe im Rüstungsprogramm sowie Produktionsschwierigkeiten behinderten jedoch die Entwicklung und den Bau. Diese Halbherzigkeit beim deutschen Kampfwagenbau mußte beim ersten Masseneinsatz britischer Tanks am 20. und 21. November 1917 bei Cambrai mit großen personellen Verlusten auf deutscher Seite bitter bezahlt werden. Erst danach wurde die Entwicklung zügig vorangetrieben.

Der erste deutsche Tank bekam die Bezeichnung „A7V", eine Weiterentwicklung „A7VU". Die taktische Aufgabe des A7V bestand darin, feindliche Schützengräben aufzurollen und hartnäckig verteidigte Widerstandsnester auszuheben. Der erste Einsatz deutscher Tanks fand am 21. März 1918 bei St. Quentin statt, der A7V bestand diese Feuertaufe. Beim zweiten Einsatz am 24. April 1918 kam es bereits bei Villers-Bretanneux zur ersten Begegnung mit britischen Tanks.

Im Panzermuseum von Munster kann ein Nachbau des A7V besichtigt werden. Der einzig erhalten gebliebene A7V aus dem Ersten Weltkrieg steht im Queensland-Museum in Brisbane, Australien. Dieser Tank diente als Muster für den erwähnten Nachbau.

Wenig bekannt ist, daß noch vor Vollendung der Entwicklung des A7V von der Truppe ein Großkampfwagen von 100 t gefordert wurde, der die Bezeichnung „K-Wagen" erhielt. Und nicht genug damit, wurden auch Forderungen nach einem

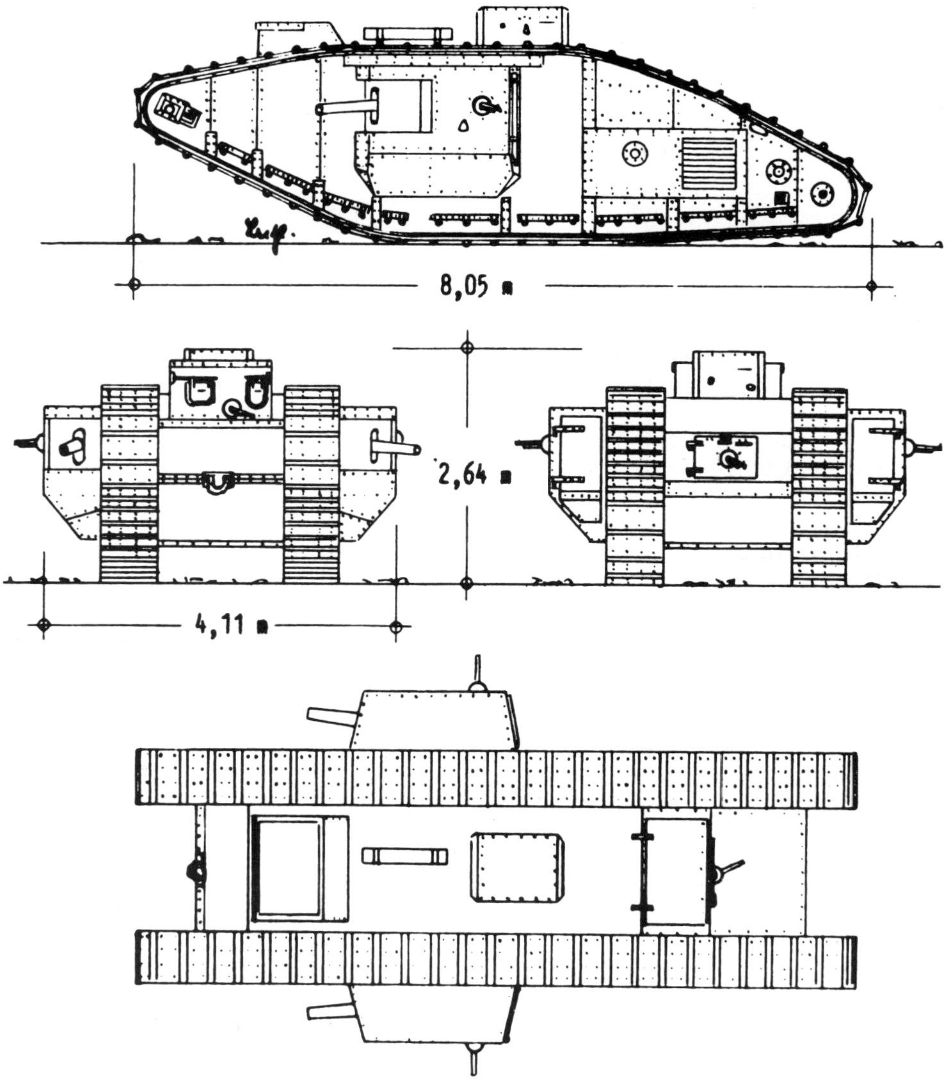

Vierseitenansicht des britischen Tanks Mk V (Bild aus SOLDAT UND TECHNIK, Heft 8/86)

Tank von 150 t laut. Dieser Gigant war mit vier 7,7 cm-Kanonen und sieben Maschinengewehren ausgerüstet. Er mußte für den Transport zerlegt und am Einsatzort mittels eines eigens dafür konstruierten fahrbaren Krans zusammengebaut werden. Von den zehn in Auftrag gegebenen Ungetümen waren bis Kriegsende gerade zwei Stück fast fertiggestellt. Als man jedoch erkannte, daß ein solcher Koloß zu unbeweglich war und dem Gegner ein zu großes Ziel bot, konstruierte man einen leichten Kampfwagen mit nur einer Kanone oder MG-Bewaffnung. Außer einigen Prototypen kamen diese unter der Bezeichnung „LK I" und „LK II" gebauten Kampfwagen jedoch nicht mehr zum Einsatz an die Front.

Als Vorläufer für die heutigen Panzer kann der 1918 in Auftrag gegebene Sturmwagen „Oberschlesien“ gelten, denn dieses Fahrzeug hatte bereits seinen Drehturm in der Mitte, den Motor jedoch hinten und der Fahrer saß vorne. Bedingt durch das Kriegsende wurde jedoch keiner dieser Sturmwagen mehr gebaut. Aus den unförmigen und schwerfälligen Ungetümen des Ersten Weltkrieges hat sich der Panzer heute zu einer schnellen, manövrierfähigen stählernen Festung entwickelt. Damals als eine die Infanterie unterstützende Waffe gedacht, gehören Panzer heute zu einem wichtigen Kampfmittel moderner Armeen. Schöpfer der späteren Deutschen Panzertruppe war Generaloberst H. Guderian. Er bestimmte Ausbildung, Ausstattung und Einsatzgrundsätze und formte die Panzertruppe zu einer operativen und kampfentscheidenden Angriffswaffe. Die wesentlichen Elemente beim Einsatz waren Feuerkraft und schnelle Beweglichkeit. Daran hat sich bis heute nichts geändert.

Einige technische Daten der Tanks MARK I und MARK V:

Abmessungen L × B × H: 8,05 × 4,26 × 2,45 / 8,05 × 4,11 × 2,64 m

Gewicht: 28 t / 29 t

Leistung: 79,8 kW (105 PS) / 114 kW (150 PS)

Geschwindigkeit: 6 km/h / 7,4 km/h

Besatzung: 8 / 8

Bewaffnung: 2 – 57 mm-Kanonen und 4 – 7,7 mm-MG / dito

2. Vorbildgetreuer Modellbau

Ein Modell dem Original so vorbildgetreu wie möglich nachzubauen heißt, daß es äußerlich in jedem Detail dem Original entsprechen muß. Bei einem Funktionsmodell gehört weiter dazu, daß es in der Lage ist, alle Funktionen des Originals auszuführen. Bei allen hier in diesem Buch gezeigten und besprochenen Modellen sind diese Voraussetzungen erfüllt. Wie die Abbildungen zeigen, geht bei einigen Modellen die Detailtreue so weit, daß selbst Werkzeuge, Abschleppseile, Ersatzketten, Benzinkanister, Stahlhelme und andere Kleinteile angebracht wurden. Oft sitzen und stehen sogar ganze Panzerbesatzungen, bestehend aus dem Kommandanten, dem Ladeschützen und dem Fahrer in den Modellen. Selbst kleinste Details wie Koppelzeug, Pistolentaschen, Auszeichnungen und Kopfhörer werden auf den Uniformen der Besatzungen gezeigt. Der Trend, Panzermodelle mit Panzerbesatzungen zu „bemannen“ setzt sich immer mehr durch. Die Modelle wirken dadurch sehr realistisch. Die Uniformen für die Modellsoldaten werden meistens von den Ehefrauen oder Freundinnen der Modellbauer maßgeschneidert, z.B. in den Maßstäben 1:10 bzw. 1:7, eben je nach Modellgröße. Es gibt jedoch auch einige Modellbauer und Firmen, die Panzerbesatzungen zum Kauf anbieten. Mehr dazu im Herstellerverzeichnis.

Kampfpanzer CHIEFTAIN im Maßstab 1:8, vom Original kaum zu unterscheiden

Kampfpanzer LEOPARD 2 im Maßstab 1:7. Hier stimmt alles bis ins kleinste Detail

Kampfpanzer LEOPARD 1A4 im Gelände. Auch hier stellt sich die Frage: Original oder Modell?

Der LEOPARD 1A4 von hinten. Selbst kleinste Details sind vorhanden

Achtrad-Panzerspähwagen Sdkfz 234/2 PUMA im Maßstab 1:10, eine Augenweide für den Betrachter

Ein TIGER mit Besatzung. Auch die Werkzeuge wurden nicht vergessen

Turm und Turmbesatzung eines TIGER, an dem kein Detail fehlt

Um ein Panzermodell vorbildgetreu lenken zu können, muß die Möglichkeit bestehen, die Ketten wahlweise getrennt laufen und anhalten zu lassen, denn bei einem Kettenfahrzeug erfolgt die Änderung der Bewegungsrichtung durch unterschiedliche Drehzahl der Ketten. Soll das Modell eine Wendung nach rechts ausführen, so wird die rechte Kette gebremst oder abgestellt, während die linke weiterläuft. Soll der Panzer eine Wendung nach links ausführen, so wird sinngemäß die linke Kette gebremst oder abgestellt. Sollen ruckartige Bewegungen bei dieser Steuerung vermieden werden, so bietet sich eine stufenlose Drehzahlregelung der Ketten an, was über elektronische Fahrtregler geschehen kann. Selbstverständlich ist auch eine Umschaltung von Vorwärts- auf Rückwärtsfahrt vorzusehen.

Weiter gehört zum vorbildgetreuen Verhalten eines Panzermodells, daß sich der Turm in beide Richtungen um 360° drehen und die Kanone heben und senken läßt, was durch je einen kleinen Elektromotor mit Getriebe erreicht werden kann. Ob die Kanone auch „richtig“ schießen kann, ist Ansichtssache, allerdings wird diese Funktion meistens verwirklicht.

3. Die Panzermodellbauer von Nienburg

Nienburg an der Weser ist die Heimat der Panzermodellbauer Deutschlands. Vor einigen Jahren gründeten hier begeisterte Modellbauer die Nienburger Panzermodellbaugruppe mit dem Ziel, voll funktionsfähige Panzermodelle vorbildgetreu nachzubauen. Man einigte sich auf die beiden Maßstäbe 1:7 und 1:10, was bedeutet, daß ein in dieser Größe gebautes Modell eine Länge von ca. 100 cm, eine Breite von etwa 40 cm und eine Höhe von ca. 35 cm aufweist und dies bei einem Gewicht von 50 bis 80 kg, je nach Einbauten und verwendeten Motoren. Da Nienburg/Weser Garnisonsstadt ist, wurde schon bald die Bundeswehr auf diese Modellbauenthusiasten aufmerksam, und von da an durften sie in der Clausewitz-Kaserne in Nienburg-Langendamm, betreut durch die 3. Panzerbrigade ungestört ihrem Hobby nachgehen. An Tagen der offenen Tür werden diese Modelle dann einem interessierten Publikum vorgeführt.

Im Laufe der Jahre stieg die Zahl der Modellbauer ständig an, inzwischen ist die mehr als 90 Mitglieder zählende Modellbaugruppe im Reservistenverband der Bundeswehr organisiert. Auch Modellbauer aus Holland, Belgien und der Schweiz gehören dazu. Nicht selten wird die Gruppe von Verbänden, Firmen und Organisa-

Der Leiter der Nienburger Modellbaugruppe, Herr Williges (dritter von links) mit einigen Modellbauern und ihren Panzermodellen

Modellpanzer dieser Größe haben ein Gewicht von 50 bis 80 kg! Da müssen schon zwei Mann kräftig zulangen

tionen eingeladen, um die Modelle vorzuführen. Bei solchen Veranstaltungen werden dann Gefechtsfeldübungen demonstriert. Es ist schon eine imponierende Show, wenn sich etwa 15 im gleichen Maßstab gebaute Modellpanzer in Bewegung setzen und mit einem „Angriff" auf die gegnerische Seite beginnen. Ein Sportplatz am Rande des Kasernengeländes wird für diesen Zweck realistisch vorbereitet. Kleine Bäume, die etwa dem Maßstab entsprechen, werden „gepflanzt". Im Gelände werden an den verschiedensten Stellen pyrotechnische Artikel wie Raketen, Kracher und Rauchsätze, die über Fernsteuerung gezündet werden können, versteckt. Bei den angreifenden Modellpanzern handelt es sich meistens um LEOPARD 1 und 2 Kampfpanzer sowie Nachbildungen von Panzern aus dem 2. Weltkrieg, z.B. TIGER, PANTHER, ELEFANT usw. Besonders interessant wird das Kampfgeschehen, wenn Modelle von Panzerabwehr-Hubschraubern in das „Kampfgeschehen" eingreifen: Im Tiefflug werden die Panzermodelle mit Bomben und Raketen angegriffen, die Show ist perfekt! Im Anschluß an das „Panzergefecht" geht es dann wieder recht friedlich zu. Nachdem alle pyrotechnischen Artikel abgebrannt sind, wird das „Kampfgelände" zur Besichtigung freigegeben.

Die „Panzerkommandanten" legen dann bereitwillig die Technik ihrer Modelle offen und geben den Blick ins Innere frei. Was da an geballter Elektronik zum Vorschein kommt, hat schon so manchen echten Panzerkommandanten in Erstaunen versetzt. Es ist erwiesen, daß in keinem anderen Modell so viel an eingebauter Technik steckt, wie in einem Panzermodell dieser Größe.

Einige Modellpanzer der Nienburger Modellbaugruppe mit ihren Erbauern vor einem LEOPARD 2-Panzer

Ein „echter" Hauptfeldwebel in Zwiesprache mit der Besatzung eines im Maßstab 1:7 gebauten LEOPARD 1A4-Modells

Letzte Vorbereitungen vor dem „Gefecht“

Scharfschießen zweier Modellpanzer im M 1:7 auf ihr großes Vorbild. Der echte Leo nimmt es gelassen hin

„Panzergefecht“ auf dem Kasernengelände vor einer großen Zuschauermenge

Nach dem Fall der Mauer stießen einige Modellbauer aus dem Osten zur Modellbaugruppe Nienburg, denn auch im anderen Teil Deutschlands wurde Panzermodellbau betrieben. Panzermodellbauer hatten und haben es aber schwerer als ihre Modellbaukollegen, denn es gibt für ihre Modelle weder Einzelteile noch Baupläne zu kaufen; sie sind gezwungen, fast alles selbst herzustellen, was nicht immer einfach ist. Als Vorbild dient häufig ein aus einem Plastik-Baukasten im Maßstab 1:35 zusammengebautes Modell. Von diesem werden alle Maße abgenommen und auf den gewünschten Maßstab entsprechend vergrößert. Fotos und Seitenrißzeichnungen aus wehrtechnischen Zeitschriften können dabei eine wertvolle Hilfe sein. Die Großmodelle entstehen meist aus Sperrholz oder in Ganzmetallbauweise. Einige Modellbauer bevorzugen die Gemischtbauweise, bei der Holz, Metall und Kunststoff als Baumaterialien verwendet werden. Die meisten Modelle werden von zwei Elektromotoren angetrieben, doch gibt es auch Modellbauer, die einen Verbrennungsmotor in ihrem Modell installieren.

Geschossen wird meist mit Schreckschußmunition, in vielen Modellen sorgen elektronische Motor- und MG-Geräuschgeneratoren für eine akustische Untermalung. Oft sind auch kleine Tonbandgeräte zu finden, die Fahrgeräusche über eingebaute Lautsprecher abstrahlen, die vorher von echten Panzern aufgenommen wurden. Für die Stromversorgung der Modelle werden meist Bleiakkus verwendet. In letzter Zeit hat es sich durchgesetzt, daß der Turm seine eigene Stromversorgung erhält. Der Vorteil liegt klar auf der Hand: Auf diese Weise ist es problemlos möglich, den Turm abzunehmen und die darin befindliche Elektronik in Betrieb zu nehmen und zu warten. Die Turmfunktionen lassen sich so schneller und leichter überprüfen.

Wie weit man es mit der Technik in einem Panzermodell treiben kann, demonstrierten einige Modellbauer an einem im Maßstab 1:7 gebauten LEOPARD 2-Modell. Sie bauten in den Turm einen voll funktionsfähigen Laser-Zielmarkierer ein. Dabei handelt es sich um einen Entfernungsmesser der Firma Bühler-Elektronik, der mit einer Gleichspannung von 2000 Volt arbeitet. Diese Gleichspannung wird über ei-

Heeres-Modellhubschrauber greifen in das „Kampfgetümmel" ein

nen Spannungswandler aus der 24-Volt-Turmspannung erzeugt. Nachdem der Laserstrahl durch Drehen des Turmes auf das Ziel gerichtet und die Kanone anschließend in die entsprechende Höhenstellung gebracht wurde, wird der Schuß ausgelöst. Beim Weiterfahren des Modells sorgt ein Kreisel bei jeder abweichenden Bewegung des Panzermodells dafür, daß das Kanonenrohr stets in Zielrichtung ausgerichtet bleibt, genau wie beim echten LEOPARD.

Mehr als bei anderen Modellbausparten kommt es beim Bau von Panzermodellen auf einen regen Erfahrungsaustausch an, weshalb ich die Modellbauer selbst zu Wort kommen lasse oder über deren Bauerfahrungen berichte. Es tauchen während des Baues eines Modells nicht selten Probleme auf, die der eine Modellbauer so, der andere so löst. Jeder kann vom anderen etwas lernen. Immer wieder werde ich nach Ansprechpartnern gefragt, weshalb ich mich entschlossen habe, mit Zustimmung der Modellbauer deren Anschrift bekanntzugeben, damit ein direkter Kontakt zwischen einzelnen Modellbauern zustande kommen kann. Ich hoffe, daß es auf diese Weise zu einem regen Erfahrungsaustausch kommen möge, der dazu beiträgt, den Kontakt unter den Panzermodellbauern zu fördern. Interessierte Modellbauer und diejenigen, die mehr über die Nienburger Panzermodellbaugruppe wissen möchten, wenden sich bitte direkt an den Leiter der Gruppe, Herrn Wolfgang Williges, Verdener Landstraße 20, 31582 Nienburg oder an Herrn Harald Pflug, Philippstraße 9, 76185 Karlsruhe.

4. Der Bau von Modellen

4.1 Antrieb und Kettensteuerung

Im Gegensatz zu Schiffs- und Flugmodellen, bei denen die Steuerung durch Ruderbewegungen erfolgt, und Automodellen, die durch die beiden Vorderräder gelenkt werden, wird ein Kettenfahrzeugmodell durch einseitiges Abbremsen bzw. Abstellen einer Kette gesteuert. Hier handelt es sich um eine völlig andere Art der Lenkung, mit der man sich erst vertraut machen muß. Fährt das Fahrzeug z. B. geradeaus und soll nach links abbiegen, so ist die linke Kette abzubremsen, bei einem Wendemanöver nach rechts sinngemäß die rechte Kette. Eine weiche Kurvenfahrt wie bei einem Automodell ist bei den meisten Kettenfahrzeugen nicht möglich. Größere Kurvenradien werden durch kurzzeitiges Ab- und wieder Anstellen einer Kette erreicht, allerdings macht das Kettenfahrzeug dann ruckartige Bewegungen nach links bzw. rechts, je nachdem, welche Kette abgestellt wird.

Bei modernen Original-Panzern, z. B. den deutschen Panzern der LEOPARD- und MARDER-Familie, ist zur Milderung dieses Fahrverhaltens ein sogenanntes Schalt-/Wendegetriebe eingesetzt. Dieses sorgt je nach Stellung des Lenkrades dafür, daß die Drehzahl der kurveninneren Kette relativ sanft reduziert, die der kurvenäußeren Kette in gleichem Maße erhöht wird. Das vom Motor gelieferte mäßig auf beide Ketten verteilt. Das Fahrzeug behält seine Absolutgeschwindigkeit auch bei Kurvenfahrt bei.

Doch auch diese fortschrittliche Art der Kettensteuerung kann insbesondere bei höheren Fahrgeschwindigkeiten das etwas „hakelige" und ruckartige Steuerverhalten eines Kettenfahrzeuges nicht ganz vermeiden. Deshalb kommt es z. B. bei Manövern immer wieder zu schweren Unfällen im Straßenverkehr, wenn z. B. Panzer von Kraftfahrzeugen überholt werden und das gerade überholte Fahrzeug z. B. nach rechts abbiegt: Das Heck schert dann weit nach links aus und erfaßt unter Umständen den gerade überholenden Wagen, der zur Seite geschleudert wird.

Eine weitere Besonderheit der Kettensteuerung ist die Möglichkeit, das Fahrzeug auf der Stelle, also um die Hochachse drehen zu lassen, hierbei läuft eine Kette nach vorne, die andere nach hinten.

Bricht eine Kette, was allerdings sehr selten vorkommt, so wirkt sich das auf die Fahrweise des Kettenfahrzeuges so aus, als ob der Fahrer die jeweilige Kette stark abgebremst hätte, was unter Umständen einem Wendemanöver gleichkommt. Nach einem Kettenbruch ist ein Kettenfahrzeug in seiner Fahrfähigkeit stark eingeschränkt, im Gelände wird es in der Regel völlig manövrierunfähig.

Während Schiffs-, Flug- und Automodelle durch Servos gesteuert werden, muß man bei der Steuerung eines Panzermodells eine andere Methode wählen.

Zum Antrieb eines Panzermodells werden zwei Elektromotoren benötigt, von denen je einer auf jeweils eine Kette arbeitet. Die elektrische Verdrahtung der Motoren muß so erfolgen, daß beide getrennt angesteuert werden können. Zu beachten ist natürlich, daß jeder Motor auf eine eigene Antriebswelle arbeiten muß, ein getrenntes Ansteuern der Ketten wäre ja sonst nicht möglich.

Soll in ein Panzermodell eine Fernsteueranlage eingebaut werden, so sind die Antriebsmotoren selbstverständlich zu entstören. Eine optimale Entstörung ergibt sich aus der Verwendung von 3 Entstörkondensatoren und 2 Entstördrosseln.

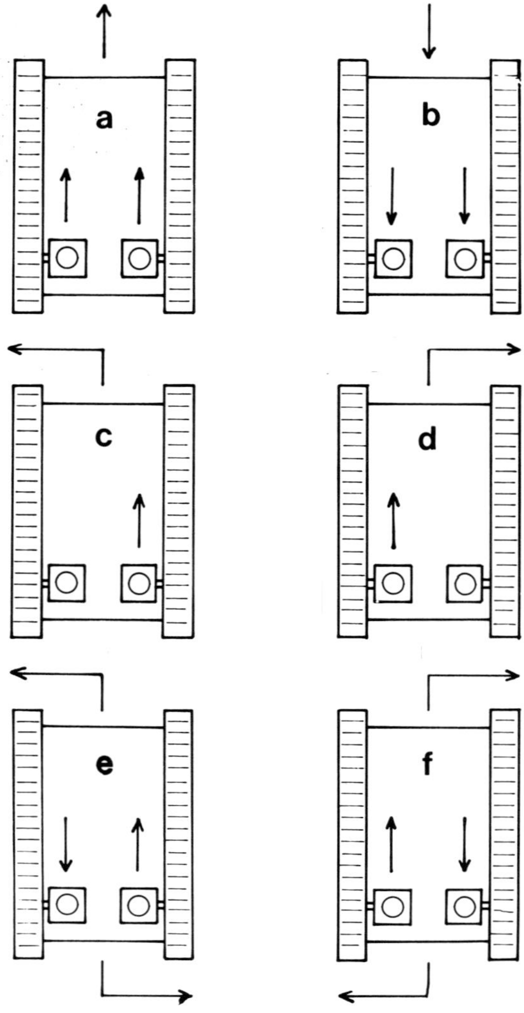

Prinzip der Kettensteuerung: Bei den durch Pfeile angezeigten Drehrichtungen der Ketten werden die eingezeichneten Fahrtrichtungsänderungen ausgeführt. a = Vorausfahrt, b = Rückwärtsfahrt, c = Wendung nach links, d = Wendung nach rechts, e = Drehen um die Hochachse nach links, f = Drehen um die Hochachse nach rechts

Diese Bauteile sind mit möglichst kurzen Zuleitungen an die Motoranschlüsse anzuschließen. Die Kapazitätswerte der Kondensatoren liegen bei ca. 0,01 µF bis 0,1 µF, als Drosseln dienen z. B. Valvo-Eisenkerndrosseln mit einer Induktivität von ca. 4 µH.

Zu einigen Motoren gibt es fertige Entstörsätze, sie enthalten die erforderlichen Kondensatoren und oft auch die Drosseln. Die effektivste Entstörung gegen die unsymmetrischen Störpitzen ist ein Motorenentstörfilter mit Ringkerndrossel.

Als Antriebsmotoren eignen sich Gleichstrommotoren, die den Vorteil haben, daß sich durch Vertauschen der Anschlüsse ihre Drehrichtung ändern läßt, wozu in

Schaltung eines Motorentstörgliedes für 5 – 50 A Motorstrom

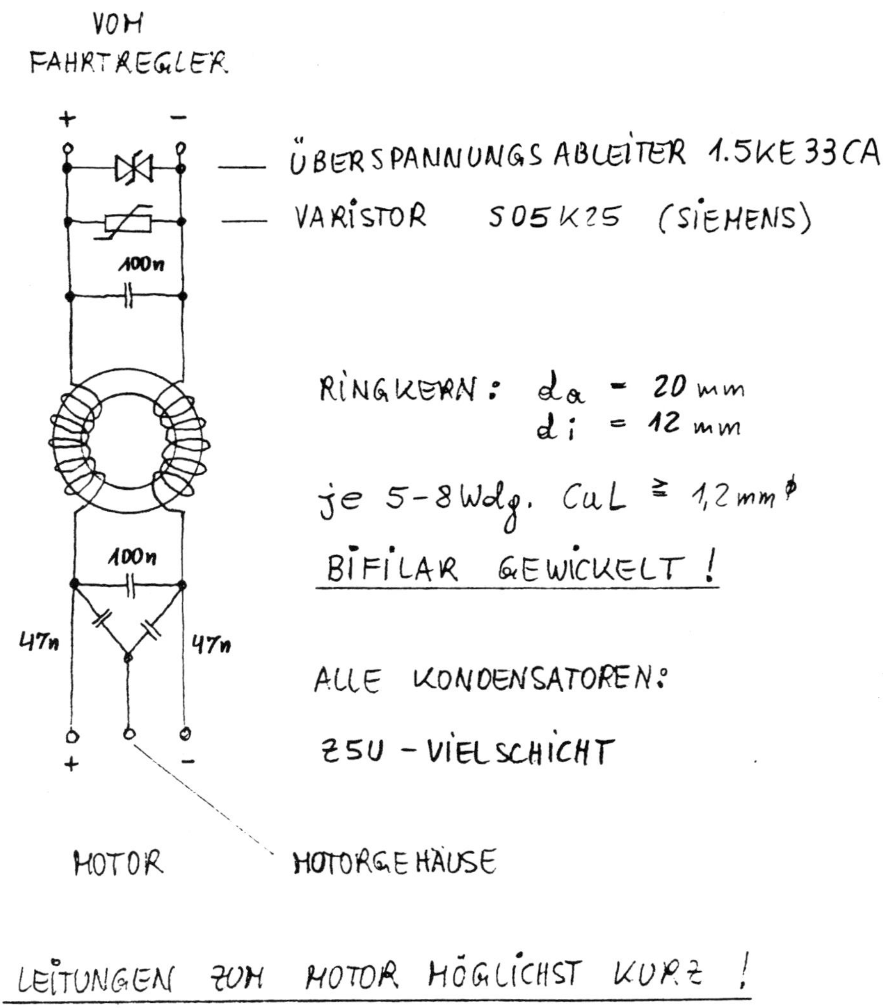

Die Entstörung eines Elektromotors:
B = Batterie oder Akku, D = Entstördrosseln,
C 1–C 3 = Entstörkondensatoren

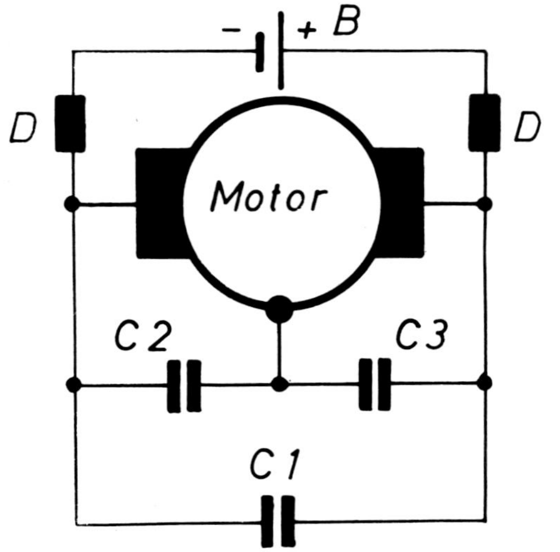

der Praxis zwei Umschaltkontakte oder elektronische Fahrtregler mit Drehrichtungsumkehr notwendig sind. Die Umpolung des Motors wird erforderlich, wenn der Panzer nicht nur nach vorne, sondern auch nach rückwärts fahren soll.

Der Modellbau-Fachhandel bietet eine überreichliche Auswahl der verschiedensten Elektromotoren in unterschiedlichen Leistungsklassen an, so daß wohl für jedes Modell der passende Motor gefunden werden kann.

Die Kraftübertragung des Motors erfolgt über ein Untersetzungsgetriebe auf die Antriebswelle. Eine elegante Lösung hat die Firma Tamiya beim LEOPARD-Modell im Maßstab 1:16 entwickelt: Das Getriebe ist mit nur einem Motor aufgebaut, eine Doppelkupplung überträgt die Kraft getrennt auf den linken und rechten Antriebskranz. Über einen Lenkhebel, der von einem Servo betätigt wird, läßt sich je nach Wunsch der rechte oder linke Antriebskranz auskuppeln, dadurch wird die betreffende Kette abgestellt. Diese Steuerungsart benötigt einen Fahrtregler mit Drehrichtungsumkehr und ein Lenkservo. Somit ist die Steuerung über einen Kreuzknüppel möglich, außer Drehen um die Hochachse.

Im Normalfall, also bei Verwendung von 2 Motoren, ist es empfehlenswert, elektronische Drehzahlregler einzubauen, über die die Drehzahlen der Elektromotoren für langsame und schnelle Fahrt geregelt werden können. Wendemanöver lassen sich besser und originalgetreuer ausführen, wenn die Motoren langsam laufen. Wem das zu aufwendig (oder zu teuer) ist, der kann natürlich auch nur einen einzelnen Fahrtregler zur gemeinsamen Steuerung der beiden Motoren einsetzen und die Motoren dann für Kurvenfahrt über Relais ab- oder umschalten.

Wie aus dem Funktionsschaltbild zu ersehen ist, werden im einfachsten Fall drei Relais, ein Umschaltrelais und für jeden Motor getrennt je ein Ausschaltrelais benötigt. Bei Vorausfahrt des Panzers bleibt das Umschaltrelais U abgefallen. Die beiden Motoren erhalten ihren Fahrstrom über die Ruhekontakte dieses Relais. Auch die beiden Kettenabschaltrelais L (linke Kette) und R (rechte Kette) sind stromlos; die Fahrspannung ist über ihre Ruhekontakte auf die Motoren durchgeschaltet. Der Panzer fährt, je nach Stellung des Fahrtreglers, langsam oder schneller. Durch Einschalten des L- bzw. des R-Relais erfolgt die Steuerung nach links oder rechts, durch Einschalten des U-Relais wird der Panzer von Vorwärts- auf Rückwärtsfahrt umgesteuert.

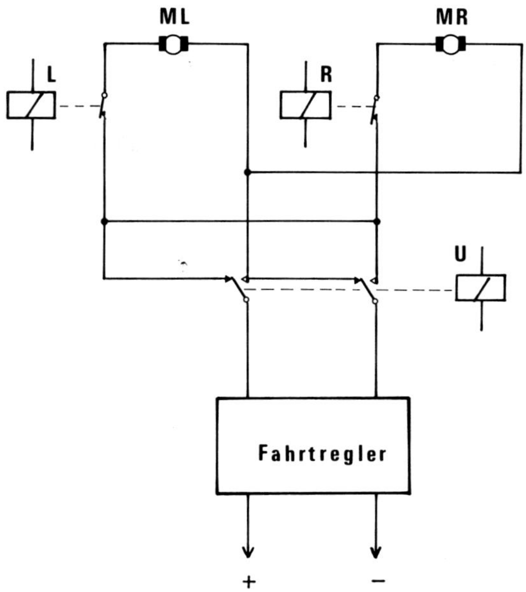

Gemeinsame Motorumschaltung über Relais U. Der elektronische Fahrtregler regelt beide Motoren ML und MR gleichzeitig. Die Abschaltung der Ketten erfolgt einmal durch Relais L (Wendemanöver nach links) oder durch Relais R (Wendemanöver nach rechts)

Auf die Fernsteuerung übertragen hieße das, daß drei Kanäle benötigt werden. Kanal 1 schaltet den Fahrtregler stop, langsam, schnell, Kanal 2 die linke Kette stop bzw. rechte Kette stop und der Kanal 3 sorgt für die Umschaltung auf Rückwärtsfahrt.

Verfügt man über einen Fahrtregler, der in der Lage ist, die Fahrspannung umzupolen, so kann selbstverständlich der dritte Kanal mit dem Umschaltrelais entfallen. In diesem Falle benötigt man dann lediglich die beiden Kettenabschaltrelais.

Steuerung bei Wendemanöver

Vorausfahrt

Die Drehrichtung beider Antriebsmotoren MR und ML ist gleich, beide Ketten KR und KL laufen voraus, Relais L/R und U sind stromlos.

Rückwärtsfahrt

Die Drehrichtung der beiden Antriebsmotoren MR und ML ist gleich, nur entgegengesetzt wie vorher, beide Ketten KR und KL laufen rückwärts. Relais L/R sind stromlos, Relais U ist angezogen.

Kurve nach links

Der linke Motor ML wird gestoppt, der rechte Motor MR läuft weiter. Die linke Kette KL steht still, die rechte Kette KR dreht den Panzer nach links. Relais L ist angezogen, Relais R ist stromlos wie Relais U auch. Wird anschließend der linke Motor ML wieder eingeschaltet, fährt der Panzer in die neue Richtung.

Kurve nach rechts

Der rechte Motor MR wird gestoppt, der linke Motor ML läuft weiter. Die rechte Kette KR steht still, die linke Kette KL dreht den Panzer nach rechts. Relais R ist angezogen, Relais L bleibt stromlos wie Relais U auch. Wird anschließend der rechte Motor MR wieder eingeschaltet, fährt der Panzer in die neue Richtung.

Drehung nach links um die Hochachse

Der linke Motor ML wird von Vorwärts- auf Rückwärtsfahrt umgeschaltet, während der rechte Motor MR in der gleichen Drehrichtung weiterläuft. Damit laufen beide Ketten entgegengesetzt, die linke Kette KL nach rückwärts, die rechte Kette KR weiterhin voraus. Der Panzer dreht auf der Stelle, oder wie man auch sagt um die Hochachse nach links.

Drehung nach rechts um die Hochachse

Der rechte Motor MR wird von Vorwärts- auf Rückwärtsfahrt umgeschaltet, während der linke Motor ML in gleicher Drehrichtung weiterläuft. Damit laufen beide Ketten entgegengesetzt, die rechte Kette KR nach rückwärts, die linke Kette KL weiterhin voraus. Der Panzer dreht auf der Stelle nach rechts.

Die letzten beiden im Prinzipschaltbild gezeigten Drehmanöver lassen sich mit der weiter oben beschriebenen einfachen Steuerungsart natürlich nicht durchführen, da die Motoren hiermit ja nicht getrennt von Vorwärts- auf Rückwärtsfahrt umzuschalten sind, sondern nur zusammen umgeschaltet werden können. Dem Wesen der Kettensteuerung entsprechend, erfolgen die beschriebenen Wende- und Drehmanöver auch recht hart, ruckartig. Durch die getrennte elektronische Drehzahlregelung der beiden Motoren lassen sich jedoch bei einem Modell auch weiche Wendemanöver durchführen. Das setzt jedoch voraus, daß jeder Motor wie eingangs erwähnt seinen eigenen Fahrtregler erhält. Auf diese Weise ist es möglich, bei einem geplanten Wendemanöver nach links z. B. die linke Kette nicht ganz abzuschalten, sondern die Drehzahl des Motors ML nur zu verringern. Damit läuft die linke Kette nicht mehr so schnell wie die rechte, und das Kettenfahrzeug schert relativ weich nach links aus. Je nach Drehzahlerhöhung bzw. -verringerung lassen sich dann einigermaßen sanfte Kurven fahren. Die elektronischen Fahrtregler müssen natürlich getrennt über je einen Kanal angesteuert werden. Dies ist die am häufigsten angewendete Art der Steuerung über zwei Kanäle.

Mit dieser Steuerung ist man in der Lage, das Modell zentimetergenau zu lenken, und zwar nicht nur vorwärts, sondern auch nach rückwärts. Jetzt ist es auch möglich, den Panzer um die Hochachse drehen zu lassen, denn man hat ja jetzt die Möglichkeit, jede Kette getrennt von der anderen schneller oder langsamer vorwärts und rückwärts laufen zu lassen.

Mit den heutigen modernen Fernsteueranlagen hat man bei Einsatz von einem eigenen Fahrtregler für jeden Antriebsmotor aber auch noch ganz andere Möglichkeiten: Verfügt der Fernsteuersender über sogenannte Mischer, dann braucht

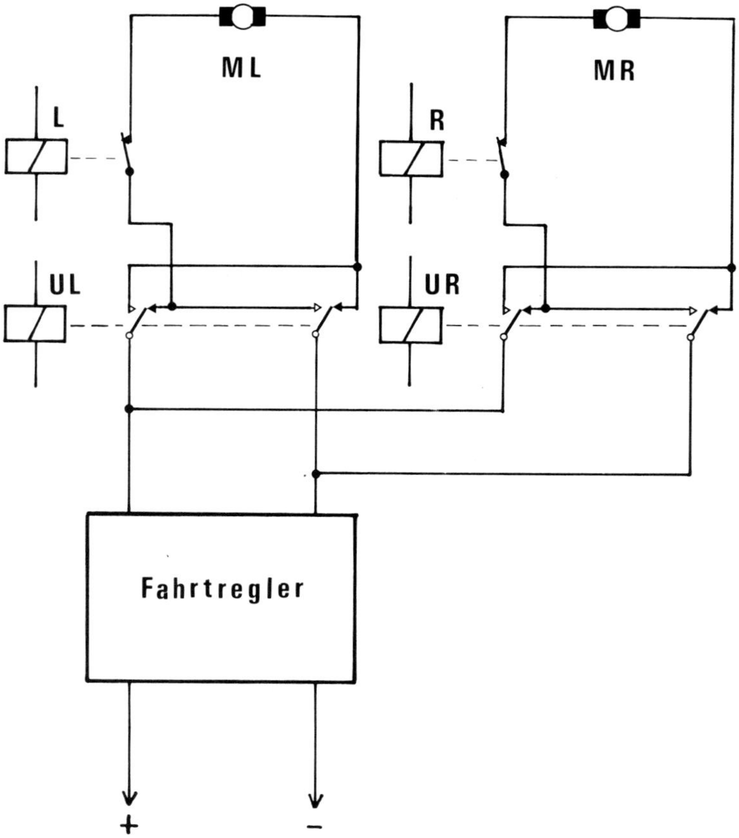

Gemeinsame Motorumschaltung über die Relais UL und UR. Die elektronische Fahrtregelung erfolgt jedoch bei dieser Schaltung für beide Motoren ML und MR gleichzeitig, es wird nur ein Fahrtregler verwendet. Die Abschaltung der Ketten erfolgt über die Relais L (für die linke Kette) und R (für die rechte Kette)

man nicht mehr wie bisher jeden Fahrtregler einzeln über einen eigenen Knüppel am Sender anzusteuern. Vielmehr wird durch Einsatz der Mischer erreicht, daß bei Betätigung nur eines Knüppels für Vor- und Rückwärtsfahrt trotzdem beide Motoren synchron vorwärts und rückwärts angesteuert werden. Der andere Knüppel in Horizontalrichtung übernimmt die Lenkung, indem er über die Mischer beide Motoren in ihrer Drehzahl beeinflußt. Man hat dann am Sender eine Steuercharakteristik, die fast so wie bei einem herkömmlichen Auto- oder Schiffsmodell wirkt: ein Knüppel für die Fahrtrichtung, einer für die Lenkung. Bezüglich der Einstellung der Mischer informieren Sie sich bitte in der Betriebsanleitung der jeweiligen Fernsteueranlage, da hier jeder Hersteller eigene Systeme bevorzugt.

Mit einer solchen Ansteuerung der Motoren im Modell kommt man der Steuerung der modernen Original-Panzer schon sehr nahe.

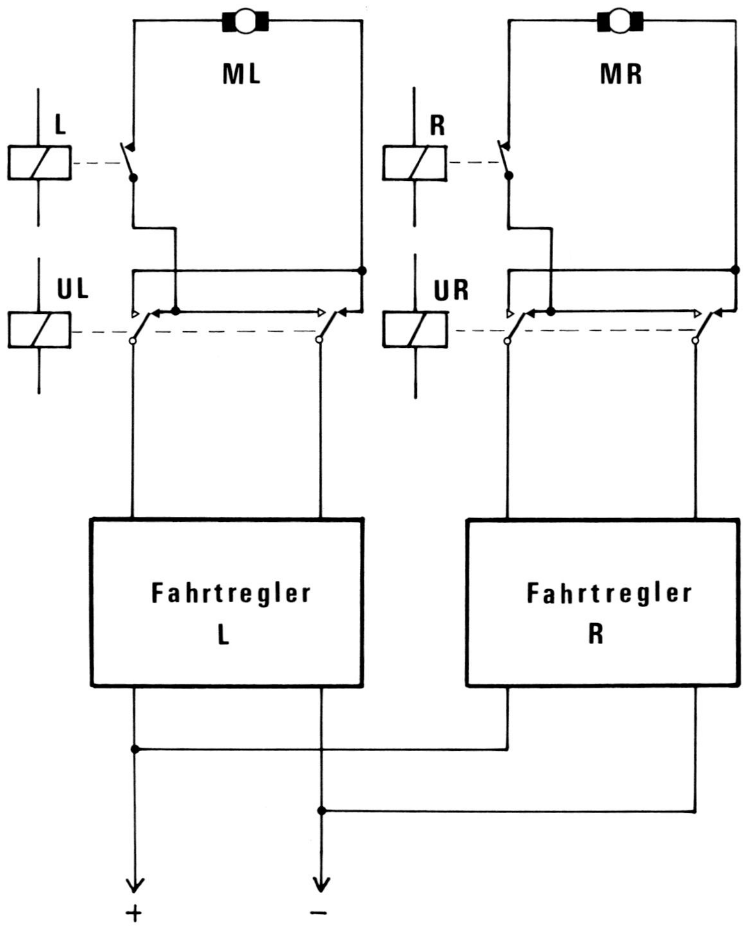

Getrennte Motorumschaltung über die Relais UL und UR. Jeder Motor hat seinen eigenen Fahrtregler (Fahrtregler L regelt Motor ML, Fahrtregler R regelt Motor MR). Die Abschaltung der Ketten erfolgt über Relais L für den linken Motor ML und über Relais R für den rechten Motor MR

Bei der Firma Conrad Electronic sind Bausätze für ein Automatikgetriebe und einen Bordanlasser für Verbrennungsmotoren erhältlich, die auch im Panzermodellbau Verwendung finden können. Werden Fahrtregler mit Drehrichtungsumkehr eingesetzt, erspart man sich die zusätzliche Relaistechnik und die Steuerung vom Sender aus wird wesentlich einfacher.

Automatikgetriebe „Tiwamatic III“

Hierbei handelt es sich um ein kompaktes Antriebssystem, mit dem es möglich ist, die Fahrweise des Modells den laufenden Betriebs- und Fahrbedingungen anzupassen. Der Einkupplungspunkt läßt sich sehr feinfühlig einstellen, die bei

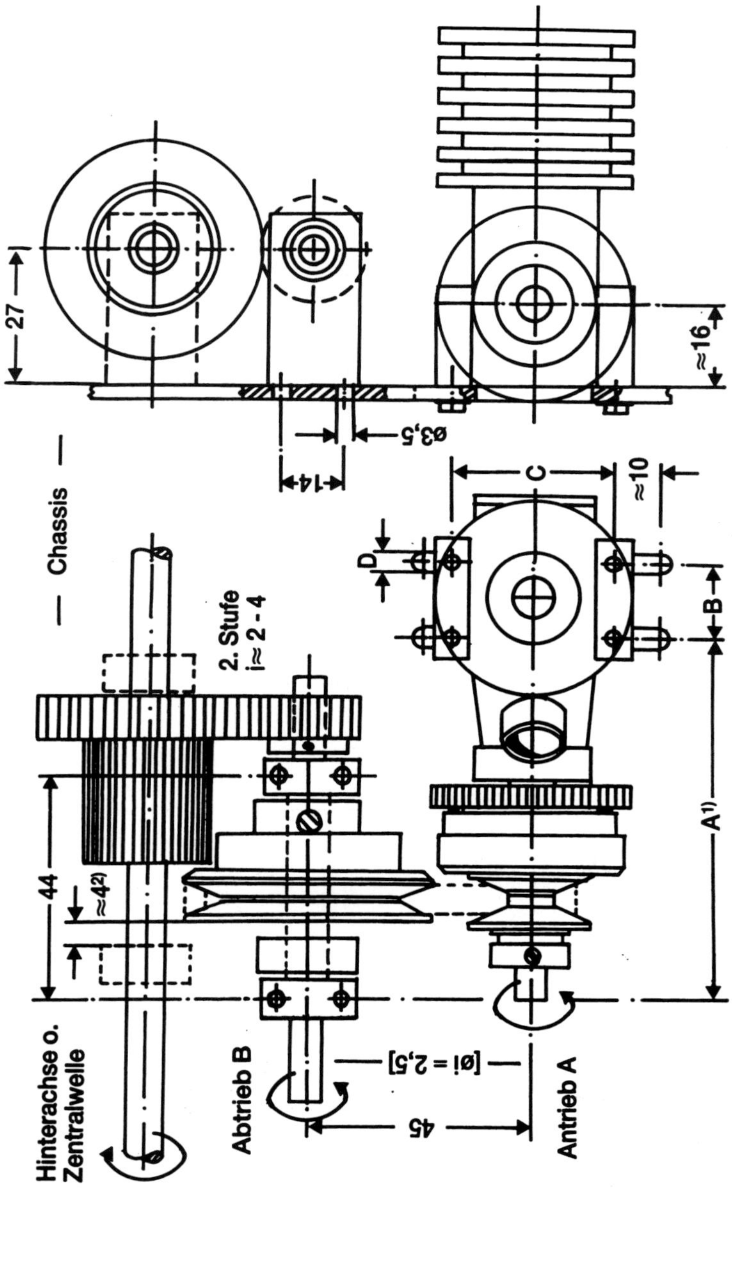

Grundrißzeichnung Tiwamatic II-Getriebe für Elektromotoren (Zeichnung: Conrad Electronic)

Verbrennungsmotoren sonst erforderliche Fliehkraftkupplung kann entfallen. Leistungsverluste sind auf ein Minimum reduziert, dieses vollautomatisch arbeitende Getriebe kann mit Elektro- oder Verbrennungsmotoren betrieben werden.

Die Wirkungsweise des Getriebes beruht auf zwei sich selbst verstellenden An- und Abtriebsscheiben in Abhängigkeit von den jeweiligen Fahrbedingungen, dadurch ist ein Abwürgen des Motors praktisch ausgeschlossen. Der Motor kann

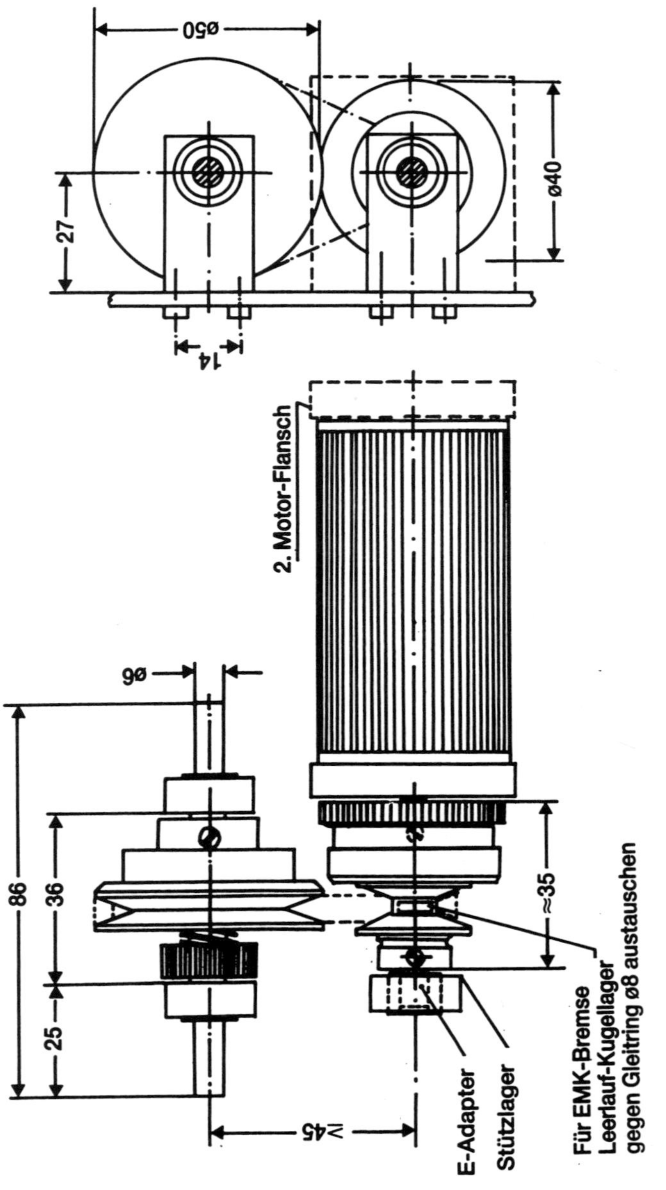

Grundrißzeichnung Tiwamatic II-Getriebe für Elektromotoren (Zeichnung: Conrad Electronic)

stets im oberen, leistungsstarken Drehzahlbereich betrieben werden, das Getriebe schaltet lastabhängig vollautomatisch zurück und hoch. Die Übergänge zwischen den einzelnen Untersetzungen sind vollkommen fließend. Beim Betrieb mit Elektromotoren entfällt der hohe Anlaufstrom. Das Modell paßt sich den jeweiligen Fahrbedingungen an, da das Getriebe lastabhängig stets die für den Motor optimale Untersetzung wählt. Das Verhältnis zwischen An- und Abtrieb liegt zwischen 1,721 und 3,221. Bei langsamer Fahrt hat das Fahrzeug ein hohes

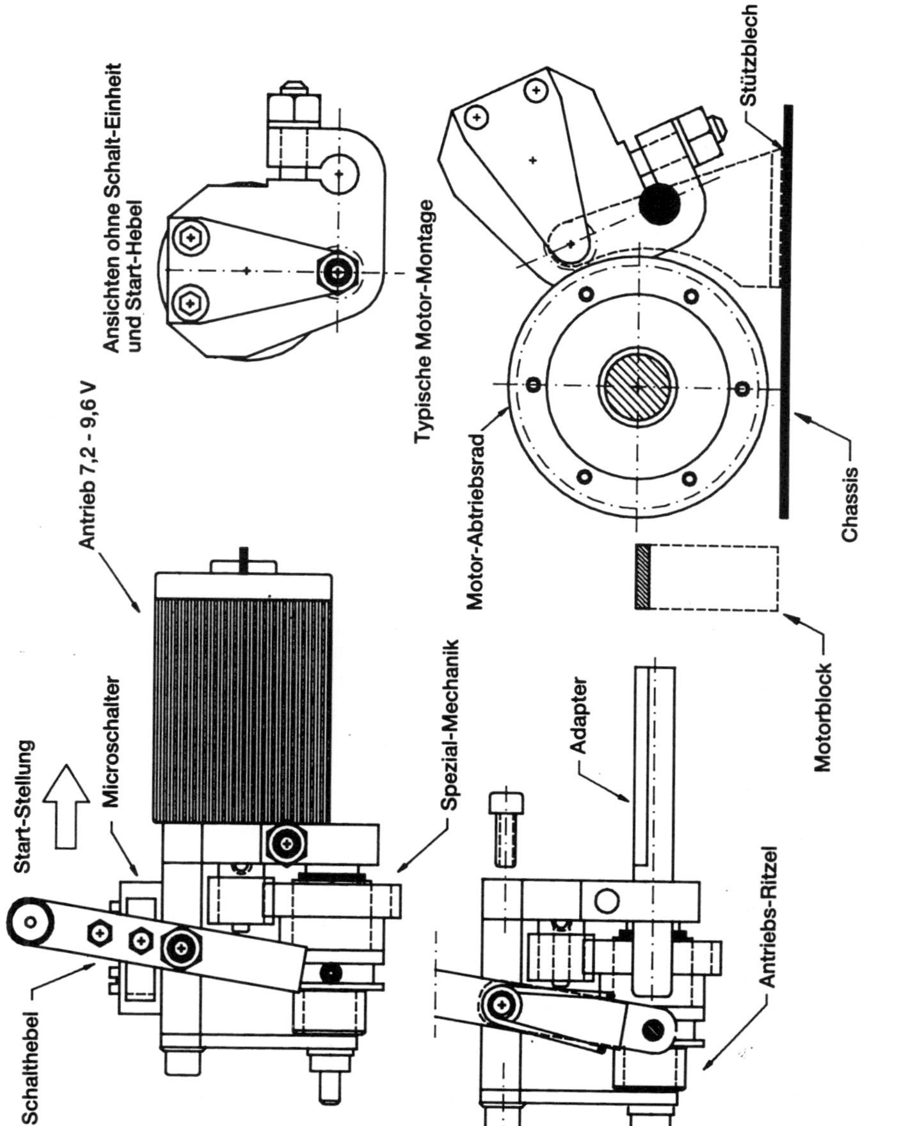

Tiwastart-Mechanik (Zeichnung: Conrad Electronic)

Drehmoment, bei schneller Fahrt verringert sich das Drehmoment. Um die Getriebeform möglichst kompakt auszulegen, wurde es bewußt als „Vorstufe" ausgelegt, weshalb eine weitere Untersetzung erforderlich ist.

Anlaßautomatik „Tiwastart"

„Tiwastart" ist ein Elektroanlasser für Modell-Verbrennungsmotoren mit 2,5 bis 10 cm^3 Hubraum. Die Anlaßmechanik ist im Prinzip dem Anlasser eines Kraftfahrzeuges nachempfunden und auf die Modellbaubelange ausgelegt. Für den Startvorgang wird ein Akku mit einer Kapazität von 0,5 Ah bei einer Spannung von 7,2 bis 9,6 Volt benötigt. Der Startvorgang wird von einem Servo der Fernsteueranlage eingeleitet. Empfehlenswert ist es, mit einem zweiten Mikroschalter oder einem nachgeschalteten Relais die Glühkerze zu heizen. In diesem Fall ist eine eigene Stromversorgung (z. B. 1,2 Volt/1,8 Ah) erforderlich.

Die seitlich mittels Adapter am Motor angeflanschte Mechanik hat einen Zentralschalthebel. Nach dessen Betätigung (es ist nur ein Weg von 8–18 mm erforderlich) rastet eine speziell ausgelegte Antriebseinheit ohne jeden Zahnverschleiß in das Motorabtriebszahnrad ein und leitet sofort den Startvorgang ein. Ein Defekt durch versehentliches Starten ist dank einer eingebauten Sicherung nahezu unmöglich.

Stromversorgung

Den „Saft“ für die Antriebsmotoren liefert die Fahrbatterie. Sie besteht aus einem oder mehreren hintereinander oder parallel geschalteten Akkumulatoren (Akkus), je nach erforderlicher Fahrspannung bzw. Kapazität. Grundsätzlich sollten nur gasdichte Akkus verwendet werden, die auch in jeder Lage eingebaut werden können, z. B. Blei-Gel- oder NiCd-Zellen.

Akkus bestehen immer aus mehreren Zellen. Eine einzelne Zelle eines Bleiakkus liefert eine Spannung von 2 Volt, ein 6-Volt-Akku enthält demnach 3 Zellen. Wird eine höhere Spannung benötigt, etwa 12 Volt, so lassen sich zwei solcher 6-Volt-Akkus in Reihe schalten. Bei 18 Volt wären es dann drei Akkus, die in Reihe zu schalten wären.

Einige Bleiakkutypen, die sich als Fahrakkus besonders gut eignen. Davor 4 Mignon-Zellen für die Fernsteuerempfangsanlage

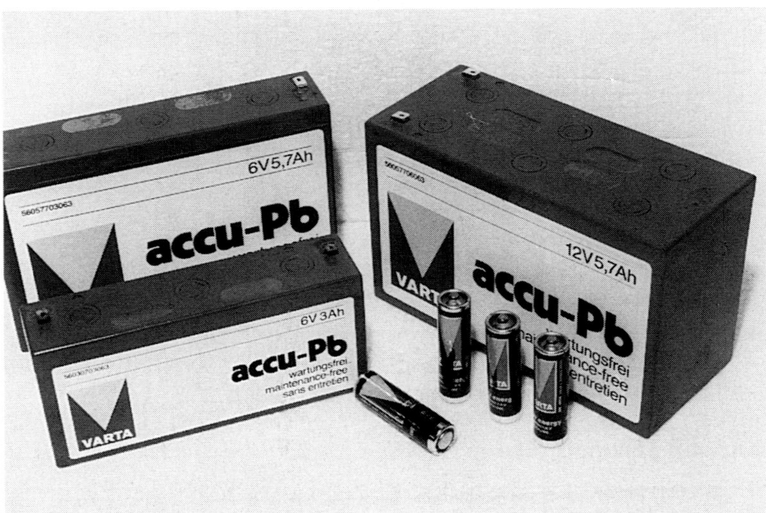

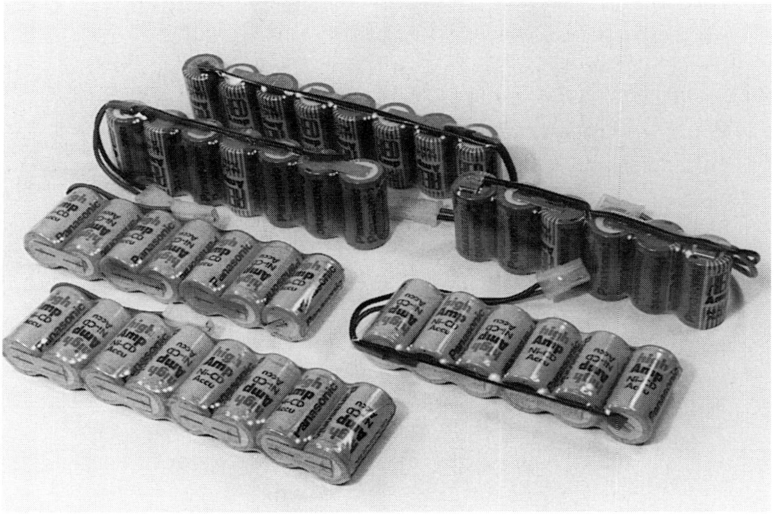

Auch Nickel-Cadmium-Akkupacks eignen sich sehr gut als Fahrakkus. Mehrere Zellen werden in Reihe geschaltet, um die gewünschte Spannung zu erreichen.

Es sollte stets darauf geachtet werden, daß nur absolut gleiche Akkutypen mit gleichen Kapazitätsangaben in Reihe geschaltet werden. Die Kapazitätsangabe gibt Auskunft über die Leistungsfähigkeit eines Akkus. Anhand dieser Angabe kann in etwa abgeschätzt werden, welche Dauerstromstärke dem Akku entnommen werden kann. Als Faustregel kann man sich merken, daß sie etwa bei einem Zehntel der angegebenen Kapazität liegt. Einem 6-Ah(Amperestunden)-Akku kann demnach ein Dauerstrom von ca. 0,6 Ampere für die Zeit von 10 Stunden entnommen werden. Auch der Ladestrom liegt in etwa dieser Höhe. Wohlgemerkt, dieser Strom könnte dem Akku nur theoretisch etwa 10 Stunden lang entnommen werden, denn in der Praxis sind es deutlich weniger. Mit ansteigender Entladestromstärke geht die entnehmbare Kapazität des Akkus zurück. Antriebsmotoren für Panzermodelle benötigen in der Regel eine höhere Stromstärke, die entsprechenden Werte liegen bei ca. 3 bis 10 Ampere. Dadurch ergibt sich eine wesentlich kürzere Fahrzeit. Will man diese erhöhen, so schaltet man Akkus parallel. Durch diese Maßnahme erhöht sich die Gesamtkapazität, die Spannung bleibt dabei jedoch gleich. Werden z. B. zwei 6 Volt/6-Ah-Akkus parallel geschaltet, so ergibt sich ein 6-Volt-Akku mit einer Gesamtkapazität von 12 Ah. Auch hierbei ist darauf zu achten, daß nur absolut gleiche Akkutypen parallel geschalten werden dürfen.

Bleiakkus sind recht heikle Gesellen, sie nehmen es übel, zu stark entladen zu werden, sie vertragen es jedoch auch nicht, längere Zeit überladen zu werden. Aus diesem Grunde hat man spezielle Ladegeräte entwickelt, die dafür sorgen, daß die Akkus möglichst schonend vollgeladen und nicht überladen werden.

Ebenso ist es sinnvoll, eine kleine Überwachungsschaltung einzusetzen, die vor einer schädlichen Tiefentladung des Akkus warnt. Beispielhaft ist hier eine solche Schaltung der Firma Conrad Electronic gezeigt, die aus einem Bausatz mit weni-

Ladekontroll- und Überwachungsschaltung aus einem Bausatz der Firma Conrad Electronic

gen Teilen leicht nachgebaut werden kann. Die Schaltung wurde ursprünglich für die Überwachung von Autobatterien entwickelt, natürlich ist sie auch für die Überwachung von Blei-Akkus aus dem Modellbereich geeignet.

Wird die Überwachungsschaltung an einen unter Last stehenden Akku angeschlossen und leuchtet die grüne Leuchtdiode LD 1 auf, so ist alles in Ordnung, der Akku hat die richtige Sollspannung. Leuchtet dagegen die rote Leuchtdiode LD 3 auf, ist das ein Zeichen dafür, daß die Sollspannung unterschritten und der Akku leer ist. Der Betrieb des Modells ist dann sofort einzustellen, und der Akku sollte unverzüglich nachgeladen werden.

Das Herz der Schaltung bildet ein IC, ein sogenannter Fensterdiskriminator. Da die Meßgröße bereits als Spannung vorliegt, ist kein spezieller Fühler notwendig. Aus dem jeweiligen Spannungswert des Akkus kann auf den Ladezustand geschlossen werden. Diese Tatsache macht sich unsere Schaltung zunutze. Ist der Akku geladen, so steht an seinen Klemmen eine Spannung von ca. 11,5 bis 14,5 Volt an. Wie schon erwähnt, zeigt die grüne Leuchtdiode diesen Ladezustand an. Steigt die Spannung über 14,5 Volt an, so leuchtet die gelbe Leuchtdiode LD 2 auf, das Gerät kann somit auch zur Überwachung des Ladevorgangs dienen. Sinkt hingegen die Spannung unter 11,5 Volt ab, so leuchtet die Leuchtdiode LD 3.

Diese Schaltung funktioniert allerdings nur bei Akkus mit einer Spannung von 12 Volt, also bei einem 12-Volt-Akku oder bei zwei in Reihe geschalteten 6-Volt-Akkus.

Da die Antriebsmotoren für Panzermodelle in der Regel einen recht hohen Stromverbrauch erreichen, sollten die Akkus dafür entsprechend ausgesucht werden, d. h., ihre Kapazität sollte groß genug sein, um Fahrzeiten von mindestens 30 Minuten zu erreichen.

Gerade in kleineren Modellen ist es daher oft nicht möglich auf Bleiakkus als Energiequelle zurückzugreifen. Seit einigen Jahren hat sich im Modellbau allgemein und besonders für die Verwendung in kleinen, leichten Modellen der NiCd-Akku durchgesetzt. Akkus dieses Typs setzen sich ebenfalls aus Einzelzellen zusammen, die Zellenspannung beträgt hierbei allerdings nur 1,2 Volt. Die Kapazität der klassischen NiCd-Zelle in der „SUB C"-Baugröße beträgt zwar nur 1,8 Ah, doch haben diese Zellen den Vorteil, daß sie für kurze Zeit sehr hohe Ströme liefern können und auch noch schnelladefähig sind.

Genauso wie es spezielle Ladegeräte für Bleiakkus gibt, gibt es auch spezielle Schnelladegeräte für die erwähnten NiCd-Zellen. Darüber hinaus gibt es auch noch Kombinationsgeräte, die alle beschriebenen Akkutypen möglichst schonend und dabei meistens auch noch vollautomatisch laden können. Nähere Angaben zu solchen Ladegeräten finden sich in den Katalogen der einschlägigen Hersteller oder man fragt im Modellbaufachhandel nach entsprechend geeigneten Ladegeräten. Das Marktangebot in diesem Bereich ist inzwischen so umfangreich geworden, daß selbst eine grobe Übersicht über die aktuellen Geräte den Umfang dieses Kapitels sprengen würde.

4.2 Allgemeine Bauhinweise

Um es gleich vorweg zu sagen: Der Bau eines Panzermodells in den Maßstäben 1:10, 1:8 oder 1:7 ist nicht einfach und ohne jegliche Fachkenntnisse in Mechanik und Elektronik kaum zu schaffen, falls nicht gute Freunde helfend einspringen. Dazu kommt, daß man gutes Werkzeug zur Hand haben muß. In vielen Fällen sind Werkzeugmaschinen unerläßlich oder man muß zumindest die Möglichkeit haben, sie zu benutzen. Die Schwierigkeiten beginnen bereits bei der Planung, da es weder Baupläne noch Fertigteile gibt, außer Kleinmaterial wie Achsen, Zahnräder und dergleichen. Beim Panzermodellbau muß man viel Fantasie entwickeln und kreativ sein, um ans Ziel zu kommen. Wer sich jedoch einmal vorgenommen hat ein solches Modell zu bauen, wird es mit etwas Geduld und Ausdauer schaffen. Allerdings warne ich davor, das Modell in möglichst kurzer Zeit fertigstellen zu wollen, denn man muß sich darüber klar sein, daß bei fast allen in diesem Buch gezeigten Modellen ca. 3000 bis 5000 Arbeitsstunden aufgewendet werden mußten. Da jedes Modell individuell hergestellt wird, gibt es auch kein bestimmtes Schema, können keine Baubeschreibungen verfaßt werden. Um Neulingen auf diesem Gebiet wenigstens eine kleine Hilfe zu geben, beschreibe ich nachfolgend beispielhaft den Werdegang eines Panzermodells dieser Größe.

Wenn der Panzertyp feststeht, so muß man zunächst versuchen an Bauunterlagen heranzukommen, was nicht einfach ist. Hat man keine Beziehungen zur Industrie, also zu den Hersteller-Firmen wie z.B. Krauss Maffei AG in München oder

Modell des britischen Panzers CHIEFTAIN im M 1:8

Modell CHIEFTAIN mit Antriebsanlage, bestehend aus zwei Lüftermotoren. In der Mitte sind die Elektronik und der Turmdrehmotor zu sehen. Rechts wurden die Fahrakkus 24 V/7 Ah untergebracht. Das Modell entstand in Holzbauweise und wiegt 32 kg

MaK in Kiel-Friedrichsort, bleibt einem nur übrig zu versuchen, aus wehrtechnischen Zeitschriften an Seitenriß- und Draufsichtszeichnungen heranzukommen. Dieser Weg ist zwar mühsam, da man in Bibliotheken gehen und zeitaufwendige Nachforschungsarbeiten anstellen muß, aber er führt meist zum Erfolg. Dann ist es weiter ratsam, sich von dem zu bauenden Panzer jede Menge Fotos zu beschaffen, was ebenfalls nicht einfach ist. Von großem Vorteil ist es, wenn man einen Freund bei der Bundeswehr hat oder einen Bekannten, der diese Kontake zur Bundeswehr herstellen kann, um das Vorbild aus nächster Nähe einmal eingehend betrachten und evtl. selbst fotografieren zu können. Einige Modellbauer der in diesem Buch gezeigten Modelle hatten diese Möglichkeit. Mit einem Zollstock bewaffnet enterten sie den Panzer, um sich die erforderlichen Maße von Wanne, Turm und Fahrwerk abzunehmen. Wem all diese Möglichkeiten versagt sind, der muß einen völlig anderen Weg gehen, der aber ebenfalls zum Ziel führt:

Man kauft hierzu einen Plastik-Bausatz des Panzers im Maßstab 1:35. Da es eine Vielzahl von Firmen gibt, die solche Bausätze anbieten, dürfte es keine Schwierigkeiten geben, den Panzertyp zu finden, den man sucht. Das Modell wird sorgfältig zusammengebaut, um anschließend alle Maße abnehmen zu können. Danach werden die abgenommenen Maße auf den gewünschten Maßstab umgerechnet und Zeichnungen angefertigt. Über Details, die wegen des kleinen Maßstabes von 1:35 nicht vorhanden sind, kann man sich auf Fotos informieren. Nun kann mit der eigentlichen Arbeit begonnen werden.

Zunächst taucht die Frage auf, aus welchem Material das Modell entstehen soll. Viele der gezeigten Panzer entstanden in Ganzmetallbauweise oder in Holzbauweise. Auch eine Kombination beider Materialien unter Zuhilfenahme von Kunststoff ist möglich. Beim Aufbau in Metallbauweise wird bevorzugt Aluminium verwendet. Den Bau beginnt man mit der Herstellung der Wanne. Wer sein Modell in

Modell CHIEFTAIN, Blick auf die im Turm eingebaute Schießanlage für 10 Schuß. Die Platzpatronen befinden sich in der Trommel, die Schießmechanik ähnelt der eines Trommelrevolvers

Holzbauweise aufbauen möchte, besorgt sich dazu Sperrholzplatten in den Stärken 3, 4 und 5 mm. Da die Wanne später die beiden Antriebsmotoren, die Getriebe und Fahrakkus aufnehmen muß – alles verhältnismäßig schwere Teile – sollte sie sehr stabil mit einer Wandstärke von ca. 5 mm gebaut werden. Bei der Herstellung des Fahrgestells, also der Stütz- und Laufrollen, Antriebskränze und Leiträdern, wird man ohne Drehbank nicht auskommen, es sei denn, man kann Fertigteile der Firma Conrad-Electronic verwenden. Passen diese Fertigteile nicht und steht auch keine Drehbank zur Verfügung, muß man sich diese Teile in einer mechanischen Werkstatt anfertigen lassen. Drehstäbe für die Federung müssen aus Federstahl bestehen.

Für den Turmbau können die gleichen Materialien verwendet werden. In einigen Fällen haben sich kupferbeschichtete Epoxidplatten gut bewährt. Bei der Plattenbauweise bekommt man die vielen Kanten und Ecken beim Turmbau besser in den Griff. Vor einem kaum zu lösenden Problem stehen die meisten Modellbauer beim Bau der Ketten, weshalb in vielen Fällen für Panzermodelle im Maßstab 1:7 Fahrradketten verwendet werden, deren einzelne Kettenglieder mit Gummipolstern (Platten) belegt werden. Eine weitere Möglichkeit besteht darin, die Kunststoffketten der Firma Conrad-Electronic zu verwenden. Sie sind für den Maßstab 1:10 ausgelegt. Ist das Modell im Rohbau fertig, geht es mit dem Einbau der umfangreichen Elektrik und Elektronik weiter. Zunächst werden die beiden getrennt auf jede Kette arbeitenden Elektromotoren eingebaut, die an je ein Getriebe angeflanscht werden. Bei früheren Modellen wurden vielfach Scheibenwischermotoren verwendet, die sich jedoch in der Praxis nicht sonderlich bewährt haben. Heute werden meistens Lüftermotoren (500 Watt) verwendet. Die Getriebe dazu müssen jedoch selbst angefertigt werden. Es gibt eine Firma, die für Panzermodelle im Maßstab 1:10 einen kompletten zweimotorigen Elektroantrieb mit angebautem Getriebe herstellt (siehe hierzu Herstellerverzeichnis).

Wie weit man es mit dem Einbau von Peripheriegeräten und der Elektronik treiben will, hängt ganz vom Erbauer und seinem Geldbeutel ab.

Die Wanne eines Modellpanzers ist fast mit dem Rumpf eines Schiffmodells zu vergleichen. Beide Baueinheiten müssen fertiggestellt sein, bevor mit dem weiteren Bau begonnen werden kann. Je nach Größe des Modells läßt sich die Wanne aus Blech, Sperrholz oder Kunststoff herstellen. Sie dient als Träger aller anderen Baugruppen wie Antriebs- und Fernsteueranlage, Batterien, Oberteil sowie Turm mit Geschütz. Auch die Beleuchtungsanlage (Vorder- und Heckleuchten) läßt sich dort direkt montieren und verdrahten. Servos und Steuerrelais finden in der Wanne ebenfalls Platz. Die Zuleitungen zu den Antriebs- und Steuermotoren bleiben kurz. Im hinteren Teil der Wanne sind die beiden Antriebsmotoren so zu montieren, daß die Antriebskränze der Ketten über ein Untersetzungsgetriebe angetrieben werden (z. B. Winkelgetriebe). Gleich daneben sind die Fahrtregler, Steuerservos und eventuelle Umschaltrelais einzubauen. Der Schwerpunktlage wegen werden die Fahrakkus in der Mitte der Wanne plaziert. Die Elektronik bzw. die Fernsteueranlage kann im vorderen Teil der Wanne untergebracht werden.

An den beiden Außenseiten der Wanne befinden sich die Lauf- bzw. Stützrollen für die Ketten. Die Laufrollen sind in Schwingarmen gelagert, diese sorgen bei Geländefahrt oder bei Fahrt über unebenen Untergrund dafür, daß sich die Ketten den jeweiligen Bodenverhältnissen anpassen können. Die Stützrollen dagegen sind starr gelagert, sie dienen zur Führung der Ketten an der Oberseite des Laufwerks. Den Abschluß der Wanne nach oben bildet das Wannenoberteil, dieses kann ebenfalls aus Blech, Holz oder Kunststoff angefertigt werden. An beiden Seiten ist – je nach Vorbild – noch der Kettenschutz angeschraubt. Nach oben hin bildet der Turm mit dem Geschütz den Abschluß. Soll der Turm drehbar ausgeführt werden, so ist ein Zahnkranz vorzusehen, der über ein Ritzel angetrieben wird. Der Antriebsmotor dafür wird zweckmäßigerweise im Wannenoberteil montiert. Auch zum Bau des Turmes eignen sich die Werkstoffe Blech, Holz oder Kunststoff.

Soll ein Panzermodell ferngelenkt werden, so bieten sich prinzipiell zwei Möglichkeiten an. Zum einen die drahtgebundene Fernlenkung, bei der das Modell über ein mehradriges Kabel mit einem Steuergerät verbunden ist. Wesentlich eleganter ist natürlich die Funkfernsteuerung, bei der die Steuersignale drahtlos zum Modell übertragen werden.

Die drahtgebundene Fernlenkung eignet sich hauptsächlich für Modelle in Maßstäben wie z. B. 1:35 und 1:25, da diese Modelle im Regelfall für den Einbau einer Funkfernsteuerung zu klein sind. Bei Modellen im Maßstab 1:16 und größer (Maßstab 1:10, Maßstab 1:7) lassen sich hingegen die Funkfernsteuerungen problemlos einbauen, dort ist genügend Platz vorhanden.

Betrachten wir zunächst noch einmal kurz die drahtgebundene Fernsteuerung. Bei dieser Fernlenkart hält der Fahrer ein Steuergerät in der Hand, in dem ein oder mehrere Lenkhebel (auch Tasten) zu betätigen sind. Hierdurch werden elektrische Kontakte geschaltet. Der oder die Antriebsmotoren erhalten je nach Stellung des Hebels Fahrspannung. Beide Motoren lassen sich so getrennt ein-/ausschalten, um Wendemanöver durchführen zu können. Laufen beide Motoren vorwärts, fährt das Modell vorwärts, werden die Motoren umgepolt, fährt es rückwärts. Wesentlich mehr Möglichkeiten bietet natürlich eine Funkfernsteuerung.

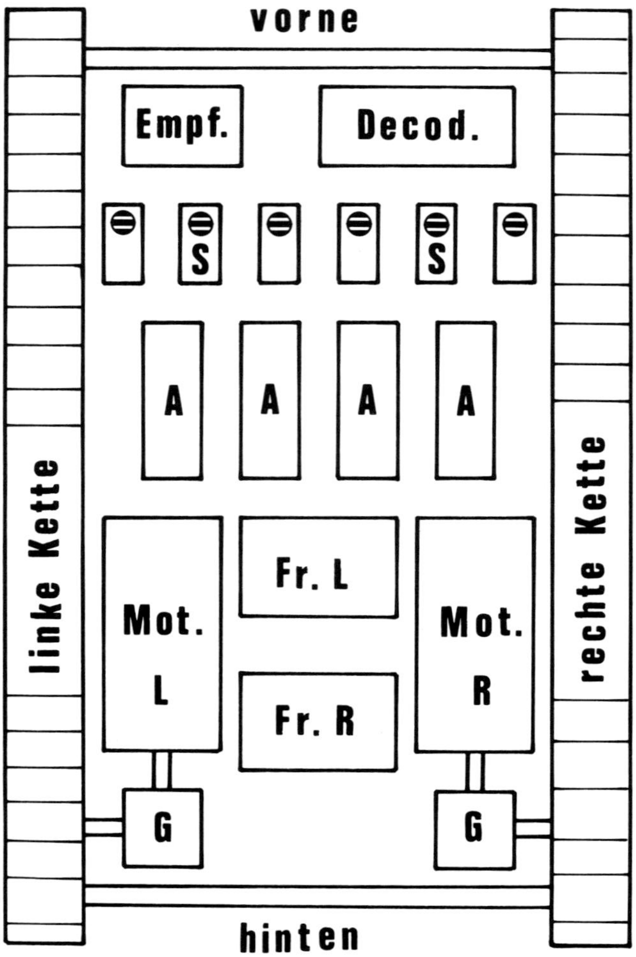

Aufteilung der Teile einer Fernsteueranlage in der Wanne des Modells: Empf. = Fernsteuerempfänger, Decod. = Decoder des Empfängers, S = Servos der Fernsteueranlage, A = Fahrakkus für die Antriebsanlage, Mot. L = linker Antriebsmotor, Mot. R = rechter Antriebsmotor, Fr. L = linker Fahrtregler, Fr. R = rechter Fahrtregler, G = Winkelgetriebe

Der Einbau in ein Panzermodell ist nicht schwierig, wenn man den zur Verfügung stehenden Raum entsprechend den Erfordernissen aufteilt. Wo in der Wanne welche Komponenten am besten unterzubringen sind, wurde ja weiter oben schon erwähnt.

Über Lenkgestänge, aus Stahldraht gebogen, werden die Mikro- und Umschalter mit den Steuerscheiben der Servos verbunden. Beim Einbau ist darauf zu achten, daß eine gute Zugänglichkeit gewährleistet ist, um bei eventuell auftretenden Störungen leicht an alle Bauteile herankommen zu können. Soll sich der Turm drehen lassen, ist der Antriebsmotor dafür an geeigneter Stelle, je nach ge-

Turmdrehmechanik bei einem LEOPARD 2-Modell. Ein Elektromotor treibt ein Schneckengetriebe und dieses den Turmdrehkranz an

wählter Konstruktion der Drehvorrichtung, einzubauen. Soll sich auch das Geschützrohr heben und senken lassen, so ist ein weiterer Motor oder ein Servo erforderlich, der bzw. das in den Turm eingebaut werden muß. Auch eine Warnblinkleuchte oder ein funktionsfähiger Zielscheinwerfer sind direkt im Turm zu montieren. Die Stromversorgung dieser Funktionsteile erfolgt entweder über flexible Kabel oder – besser – wie beim Original über Schleifringe und Schleifkontakte. Diese lassen sich z. B. aus Kupferband oder aus alten Relaiskontakten herstellen.

Getriebemechanismus bei einem LEOPARD-Modell. Über Steuer- und Schubstangen wird die Entkupplung der Ketten vorgenommen

Fahrtregler, Steuerrelais und Antriebselektromotoren mit Getriebe. Blick in den Motorraum eines Panzermodells im Maßstab 1:10

Neben den schon weiter oben erwähnten Fahrfunktionen sind weitere Funktionsmöglichkeiten in einem Modellpanzer gegeben. Das Drehen des Turmes in beide Richtungen und das Heben und Senken der Kanone wurde ebenfalls schon erwähnt, denkbar ist natürlich auch eine Schießfunktion der Kanone sowie das Auswerfen der Munitionshülsen. Verschiedene Stufen der Bordbeleuchtung sowie ein funktionstüchtiger Zielscheinwerfer sind ebenfalls denkbar. Hinzu kommen verschiedene Geräuschfunktionen, so z. B. Simulation des Motor- bzw. Fahrgeräusches oder die Simulation eines MG-Geräusches.

Außer den hier aufgeführten Möglichkeiten gibt es natürlich noch diverse andere, welche sich teilweise nach den Gegebenheiten des jeweiligen Modells bzw. seines Vorbilds richten. Um alle diese Funktionen im Modell ausführen zu können, sind teils mechanische, teils elektronische Lösungen zu finden, denn die Fernsteueranlage selbst ist ja immer nur Mittel zum Zweck. Durch ein von ihr ausgelöstes Steuerkommando wird die angeschlossene Mechanik erst zur Ausführung des eigentlichen Befehls veranlaßt bzw. eine nachgeschaltete Elektronik in Funktion gesetzt.

Um ein umfangreich ausgestattetes Panzermodell steuern zu können, benötigt man schon eine RC-Anlage mit mehreren Übertragungskanälen. Besonders praktisch sind hier die ausbaufähigen Mehrkanalanlagen, wie z. B. die Graupner-Anlage FM 4014. Durch verschiedene Ausbaumodule sind diverse Schaltfunktionen realisierbar. Spezielle Nautic-Expert-Module erweitern z. B. einen Übertragungskanal auf 8 Schaltfunktionen. Die 8 anschließbaren Schalter haben teilweise eine Mittelstellung, wodurch eine Vorwärts-Stop-Rückwärtsfunktion ermöglicht wird, wenn man auf der Empfängerseite ein Umpolrelais benutzt. Die Schalter sind teilweise beidseitig oder einseitig selbstneutralisierend, damit gibt es viele Möglichkeiten für das Ein-Aus- und Umschalten der verschiedensten Verbraucher im Modell. Senderseitig können zwei solche Module montiert wer-

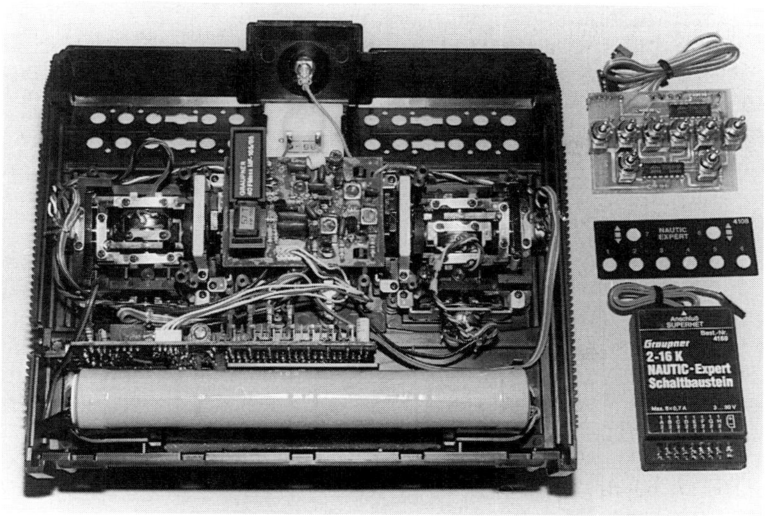

Graupner Fernsteuersender FM 4014 mit Ausbauteilen

den, was dann natürlich auch am Empfänger zwei diesbezügliche Nautic-Module notwendig macht. Diese Bausteine werden jeweils an einen Kanal des Empfängers angeschlossen. Die Schaltbausteine benötigen noch eine externe Stromquelle, deren Spannung entweder direkt die angeschlossenen Kleinverbraucher versorgen kann oder die – bei stärkeren Verbrauchern – betreffende Relais versorgt.

Selbst mit einer solchen Mehrkanalanlage alleine lassen sich jedoch nicht alle im Modell anfallenden Probleme lösen. Es muß immer noch viel Denkarbeit geleistet werden, wie man die einzelnen Funktionen realisiert, dies gilt insbesondere für

Graupner Fernsteuerempfangsanlage FM 4014 mit zusätzlichen Schaltfunktionsbauteilen

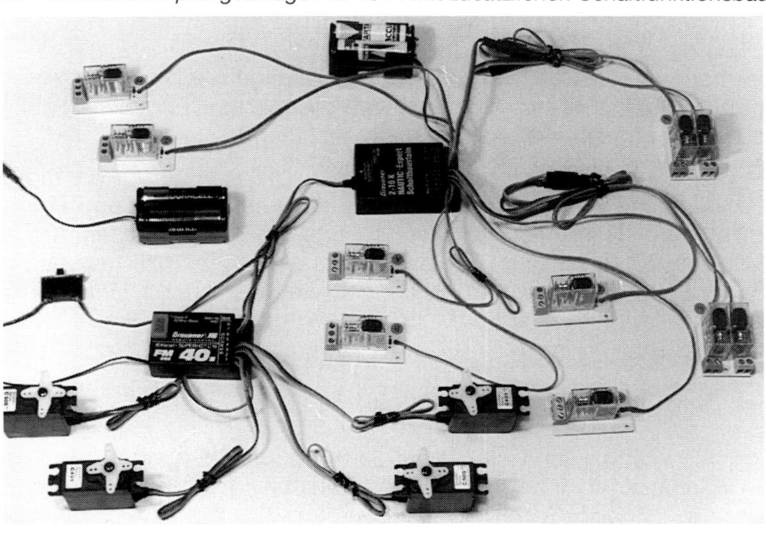

rein mechanisch ablaufende Funktionen. Hier hat auch jeder Modellbauer schon seine eigenen Erfahrungen gemacht, oft bleibt es dann auch nicht bei der ersten Lösung, sondern es werden mehrere mögliche Varianten ausprobiert, erst die beste wird dann eingebaut.

Gut gelöst wurde z.B. das Problem des Turmdrehens bei einem LEOPARD 2-Modell, bei dem ein kleiner Elektromotor eine Spindel und diese dann den Turmdrehkranz antreibt (siehe Foto S. 41). Der Turmantriebsmotor wird über einen Kanal der Fernsteueranlage geschaltet.

Die Beleuchtungsfunktionen hingegen lassen sich in der Regel viel einfacher realisieren, da man es hier lediglich mit einfachen Schaltfunktionen zu tun hat. Neben den Scheinwerfern vorne bzw. der roten Rücklichter am Heck gibt es auch noch die Möglichkeit, eine gelbe Rundumleuchte am Turm ein- und auszuschalten. Bei Stadt- oder Überlandfahrten sind zur Warnung des übrigen Verkehrs Kettenfahrzeuge in der Regel mit einer solchen gelben Rundumblinkleuchte ausgerüstet. Bei Fahrten im Gelände bzw. „im Gefecht" ist eine solche Leuchte natürlich nicht im Betrieb. Entsprechende Blinkleuchten gibt es im Zubehörhandel, zum Teil sogar mit mehreren eingebauten Leuchtdioden, die hintereinander aufleuchten, um den Effekt des „umlaufenden" Lichtes zu simulieren.

4.3 Die Ketten

Der Kettenantrieb unterscheidet sich ganz wesentlich von anderen Antriebsarten. Während bei einem Auto die Motorkraft direkt auf die Antriebsräder (Vorder- oder Hinterräder, bei Allradfahrzeugen auf alle Räder) übertragen wird, erfolgt der Antrieb der Kette über den sogenannten Antriebskranz, der über ein Getriebe mit dem Antriebsmotor verbunden ist. Dieser Antriebskranz ist im Prinzip ein Zahnrad, das Zahn für Zahn in die Kettenglieder greift. Die Kette selbst, praktisch ein endloses Band, liegt auf dem Boden, wobei das Kettenfahrzeug darauf gleitet. Die Ketten sind dabei einer großen Belastung ausgesetzt, für ihre Anfertigung muß daher viel Sorgfalt aufgewendet werden. Bricht eine Kette, so ist das Fahrzeug fast bewegungslos bzw. dreht sich auf der Stelle. Je nach Modell muß sich der Modellbauer seine Ketten mitunter selbst herstellen, was feinmechanische Kentnisse voraussetzt. Von einigen Kleinherstellern gibt es aber auch fertige Ketten, siehe hierzu auch „Kapitel 5 Herstellerverzeichnis".

Als Anregung für den Selbstbau sollen hier nur einige Ausführungsformen gezeigt werden, dabei handelt es sich sowohl um Ketten aus Bausätzen als auch um Eigenkonstruktionen einiger Modellbauer.

Die Kette des LEOPARD-Modells im Maßstab 1:16 von der Firma Tamiya ist ein gutes Vorbild. Jedes Glied besteht aus zwei Kettenschuhen A und B, den beiden Kettenachsen mit den Achsverbindungen und den mittig angeordneten Mittelführungsstegen. Diese Bauteile werden zusammengesetzt und anschließend wird Glied für Glied durch die beiden Gliedachsen verbunden. Der in der Mitte liegende Mittelführungssteg sorgt für eine gute Führung in den Rillen der Laufrollen.

Andere Firmen arbeiten mit Kettengliedern aus Metallguß, die durch Kettengliedachsen miteinander verbunden und weiter zu einer Kette zusammengefügt werden.

Panzerketten werden stark beansprucht, im Modell wie auch in der Wirklichkeit. So lösten sich z. B. von der eben beschriebenen LEOPARD-Kette im Maßstab 1:16 von Tamiya bei den ersten Probeläufen die einzelnen Achsverbindungen,

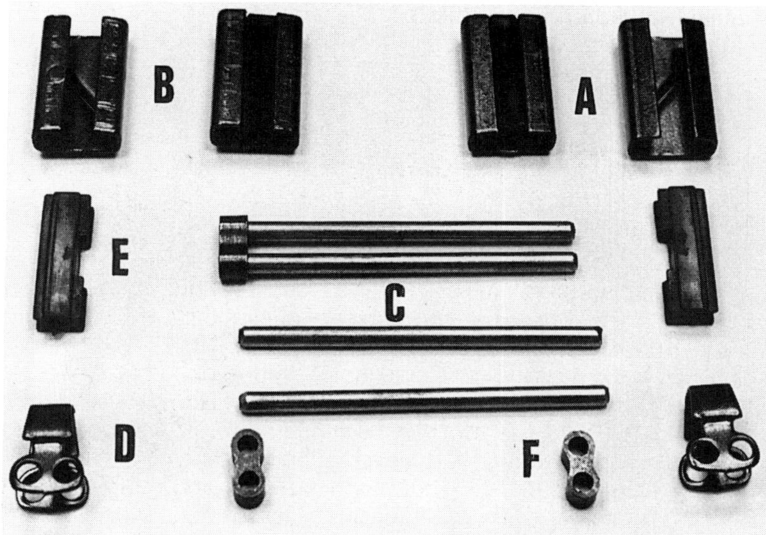

Einzelteile der Kettenglieder: A = Kettenschuh ohne Punkt, B = Kettenschuh mit Punkt, C = Kettenachsen, D = Mittelführungsstege, E = Gummieinsätze für Kettenglieder, F = Endverbinder

und die Kette brach. Abhilfe schaffte folgende Maßnahme: Die Achsverbindungen wurden an den Außenseiten mit Benzin gesäubert und anschließend mit UHU-plus bestrichen. Damit wurde eine feste Verbindung zwischen den Kettenschuhen A und B hergestellt. Von nun an gab es keinen Kettenbruch mehr.

LEOPARD-Kette im M 1:16 von Tamiya, Unterseite

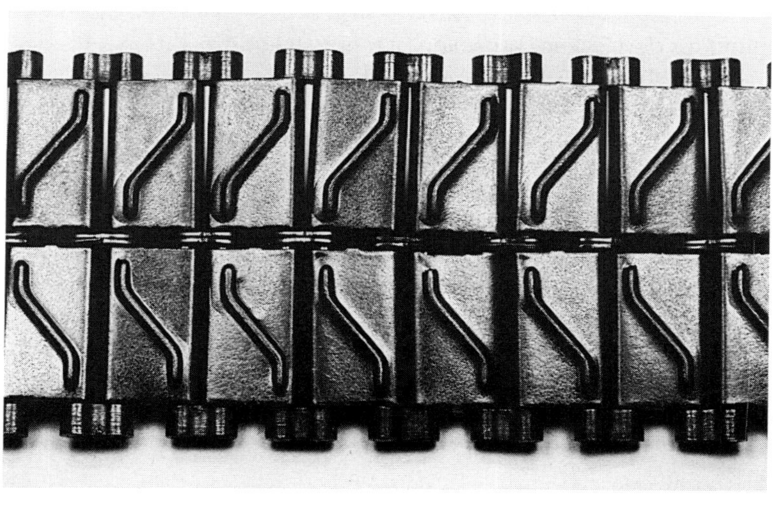

LEOPARD-Kette im M 1:16 von Tamiya, Innenseite

Wie Ketten aussehen können und sollten, zeigen die Detailaufnahmen der Kettenglieder für ein LEOPARD 1-A4-Modell im Maßstab 1:7. Jedes Glied besteht aus der Grundplatte, zwei Belägen und dem Mittelführungssteg. Grundplatte und Beläge sind aus Hart-PVC, der Mittelführungssteg aus Aluminium gefertigt. Er

Eigenbau-Ketten für einen LEOPARD-Panzer im Maßstab 1:7, Ansicht der Kette von der Unterseite. Deutlich ist der Mittelführungssteg zu erkennen, der mit einer Schraube in der Nut festgeschraubt wird. Seitlich ist die Kette mit Fahrradkettengliedern zusammengehalten. Diese Konstruktion hat sich gut bewährt, die Kette ist reißfest und wiederstandsfähig

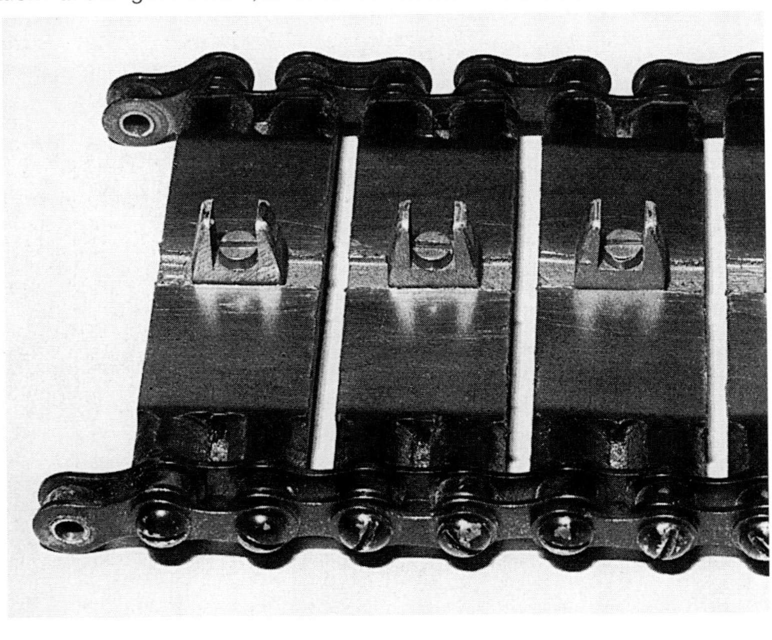

Oberseite derselben Kette. In eine Nut eingelassen ist die Befestigungsmutter für den Mittelführungssteg, die Abbildung zeigt die Lauffläche der Kette

So baut Herr Pakolicz die Ketten für die Fahrzeuge der LEOPARD-Familie. Außenseite mit einigen Gliederteilen, an den Ketten lassen sich die Laufpolster und Schneegreifer auswechseln

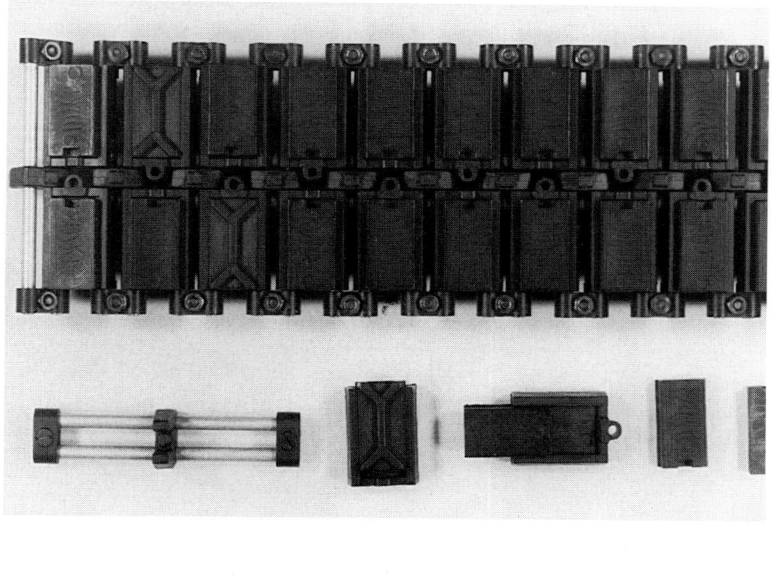

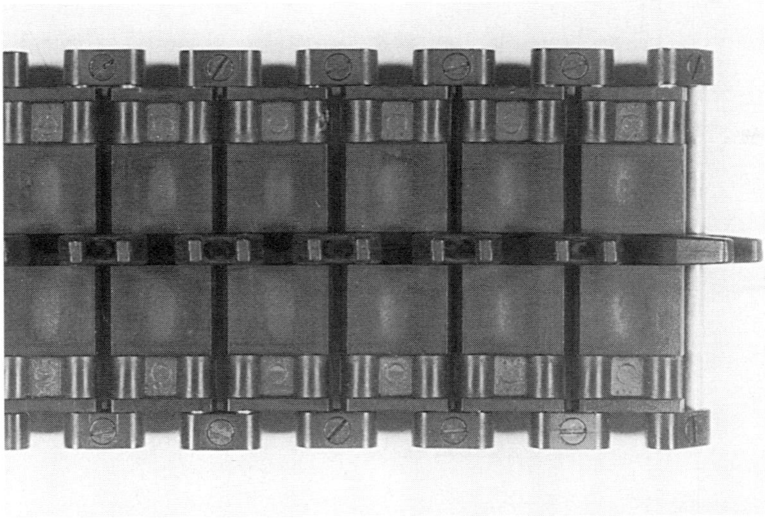

Die Innenseite der Kette von Herrn Pakolicz

wird mit einer Schraube in der Mitte der Grundplatte verschraubt. Zusammengehalten werden die einzelnen Glieder durch Fahrradketten. Diese Konstruktion, die sich auch auf kleinere Modelle übertragen läßt, hat sich sehr gut bewährt.

Einige Modellbauer haben mir Muster von Ketteneigenkonstruktionen geschickt, die ich hier vorstellen möchte.

Herr Pakolicz baute Ketten für seine ganze LEOPARD-Familie, bei denen sich die Laufpolster und Schneegreifer auswechseln lassen.

Herr Wittgrebe stellt seine Ketten aus Aluguß her.

Panzerkette aus Aluguß, hergestellt von Herrn Wittgrebe

5. Herstellerverzeichnis

Wer sich noch vor Jahren mit dem Panzermodellbau beschäftigte, konnte kaum auf Unterlagen, Bausätze und schon gar nicht auf Fertigteile zurückgreifen, wie es sie z. B. für Schiffs-, Flug- und Automodelle gibt. So nach und nach nahmen sich jedoch Modellbauer, Einzelpersonen und kleine Firmen der Panzermodellbauer an und stellten durch Eigeninitiative einiges auf die Beine, um anderen Modellbauern zu helfen. Meist handelt es sich dabei um Enthusiasten, die selbst ein Panzermodell gebaut und dafür teures Werkzeug angeschafft, Gußformen hergestellt und stundenlange Zeichenarbeit geleistet haben. Um anderen Modellbaufreunden diese Arbeiten zu erleichtern bzw. ganz abzunehmen, stellen sie Teile her oder ganze Bausätze zusammen, die käuflich erworben werden können. Nachfolgend sollen daher all die Hersteller aufgeführt werden, die auf diesem Gebiet etwas anzubieten haben. Ich hoffe, damit allen Panzermodellbauern einen Gefallen zu tun, da sie sich direkt mit diesen Personen und Firmen in Verbindung setzen können, ohne bei mir rückfragen zu müssen. Umgekehrt bitte ich alle Leser, die Modellbauer oder Firmen kennen, die auf diesem Gebiet tätig sind und etwas für andere Panzermodellbauer anzubieten haben, mir dies mitzuteilen, damit ich in einer späteren Auflage dieses Buches darauf eingehen kann.

Zubehörteile, Fertigteile und Bausätze

Die Firma Sd.-Kfz-Modellbau **Thomas Wittgrebe, Spelbergfeld 30, 44869 Bochum, Tel. 02327/790847, Fax 02327/790849** bietet Bausätze, Fertigmodelle und Zubehörteile für Panzermodelle im Maßstab 1:10 an.

TIGER I

Das Panzermodell ist in Ganzmetallbauweise hergestellt, die Wanne wird aus sieben Einzelteilen zusammengeschraubt, der Turm sowie die Kanonenblende sind aus einem Guß. Das Kanonenrohr ist aus einem dickwandigen Aluminiumrohr gedreht. Die ca. 180 Kettenglieder werden in einer Kokille aus Aluminium gegossen. Die Kette ist fertig gebohrt und verstiftet, die Laufrollen werden im Sandguß hergestellt und auf der Drehbank abgedreht. Die Drehstabfederung besteht aus 3-mm-VA-Stahldraht. Die Schwingarme sind in Sinterbronzelagern mit 6-mm-Wellen gelagert. Die Spannrolle ist ebenfalls im Sandguß gegossen und über Stellschrauben verstellbar.

Der Turm des Modells läßt sich in beide Richtungen um 360° drehen, die Kanone heben und senken. Beide Turmluken sind zu öffnen. Bei RC-Betrieb sind folgende Funktionen möglich: Vor- und Rückwärtsfahrt, Steuern nach links und rechts, Turmdrehung um 360°, Kanone heben und senken. Als Zubehör wird mitgeliefert: 1 Schippe, 1 Spaten, 1 Bolzenschneider, 1 Hammer, 1 Axt, 1 Feuerlöscher, 1 Wagenheber, 2 Abschleppseile und 4 Schäkel.

Das Modell wird in einer fertig zusammengebauten Grundversion geliefert, d. h. die Kette gleitet dabei über das Laufwerk, der Turm läßt sich drehen, die Kanone heben und senken, die Luken sind zu öffnen.

Modell-TIGER im Maßstab 1:10 (Firma Wittgrebe)

Abmessungen des Modells:

Länge ohne Kanone: 628 mm

Breite: 370 mm

Höhe: 300 mm

Gewicht: 17 kg

Bestell Nr. für TIGER mit Gummilaufwerk: 181200 (Frühere Ausführung)
Bestell Nr. für TIGER mit Stahllaufwerk: 181100 (Spätere Ausführung)

PANTHER Ausführung A

Das Panzermodell wird bis auf kleine Ausnahmen (Gummipolster-Laufrollen und Kleinteile aus Kunststoff) in Ganzmetallbauweise gefertigt. Die Fahrzeugwanne, der Turm, das komplette Laufwerk und diverse Anbau- und Zubehörteile sind in Aluminium-Sandguß hergestellt. Die Kettenglieder werden in einer Kokille aus Aluminium gegossen. Sonstige verwendete Materialien sind Messingblech, Messing- und Zinngußteile sowie Aluminiumrohr für die Kanone und Mündungsbremse. Der Bau umfaßt die komplette Montage in der Grundversion, d.h. die Kette gleitet über das Laufwerk, der Turm läßt sich drehen, die Kanone heben und senken, die Luken sind zu öffnen.

Bestell Nr. für PANTHER A mit Alu-Ketten: 171 040

Bestell Nr. für PANTHER A mit Kunststoff-Ketten: 171 050

Modell-PANTHER im Maßstab 1:10, Draufsicht und Seitensicht

JAGDPANTHER

Bauweise des Modells wie unter PANTHER angegeben.

Bestell Nr. für JAGDPANTHER: 171 200

BERGEPANTHER

Dieses Panzermodell unterscheidet sich im Grundaufbau nicht wesentlich von den anderen PANTHER-Typen. Der Aufbau ist vom Original dem Modell angepaßt, d. h. im oberen Teil werden Holzbohlen zum Bau verwendet. Ebenso sind der Erdsporn (aus Stahlblech, beweglich), der Kran (schwenkbar) und für das Modell typische Anbau- und Zubehörteile vorhanden.

Bestell Nr. für BERGEPANTHER: 171 300

Modell-BERGEPANTHER im Maßstab 1:10 (Firma Wittgrebe), Vorder- und Rückansicht

STURMTIGER

Dieses Modell unterscheidet sich im Grundaufbau nicht vom Modell TIGER I. Es ist ebenfalls in Ganzmetallbauweise hergestellt.

Bestell Nr. für STURMTIGER: 181 300

Antriebsgetriebe für Panzermodelle im Maßstab 1:10

Bestell Nr. für Fahrantrieb: 101 300

Bestell Nr. für Einbausatz für Getriebe: 101 301

Bestell Nr. für Turmantrieb: 101 310

Modell-TIGER im Rohbau fertig (Firma Wittgrebe)

Der Getriebekasten für den Fahrantrieb wird aus einem Aluminiumblock herausgefräst. Dadurch wird eine sehr genaue Maßgenauigkeit erzielt. Die Wellen laufen in Sinterbronzelagern, die Zahnräder bestehen aus Metall und Azetalharz. Als Antriebsmotoren werden zwei Marx-Motoren GT300 verwendet. Diese Hochleistungsmotoren der Neodym-Klasse zeichnen sich durch einen sehr hohen Wirkungsgrad und einen geringen Stromverbrauch aus.

Technische Daten des Fahrgetriebes:

Länge: 230 mm

Breite: 120 mm

Höhe: 48 mm

Untersetzung: 43:1 (je Getriebeseite)

Durchmesser der Wellen: 8 mm

Gewicht: 2,4 kg

Originalfarben für den Panzermodellbau

In langjähriger Zusammenarbeit mit dem Rommel-Museum wurde exklusiv für Panzermodellbauer ein umfangreiches Sortiment an Tarnfarben zusammengestellt. Alle Farben sind untereinander überlackierbar, FCKW-frei und daher umweltfreundlich. Die Lieferung erfolgt in Spraydosen zu 100 ml und 400 ml.

Lieferbar sind die Farben Feldgrau, Tarngrün, Lehmgelb, Sandfarbe, Erdbraun, Winterweiß, Luftwaffengrau, Tragflächenblau, Marinegrau und Luftschutzblau.

Ebenso zu haben, sind die Bundeswehrfarben NATO-Oliv RAL 6014, Bronzegrün RAL 6031, Lederbraun RAL 8027 und Teerfarben RAL 9021.

Zubehör

Als unbearbeitetes Zubehör für Panzermodelle im Maßstab 1:10 sind lieferbar:

Maschinengewehr MG 34, Maschinengewehr MG 42, Sturmgewehr 44, Fallschirmjägergewehr, Karabiner K 98, Maschinenpistole MP 40, Panzerfaust, Wehrmachts-Stahlhelm, Fallschirmjäger-Stahlhelm, Gasmaskenbüchse, Feldflasche, Benzinkanister, 200-Liter-Faß, Wagenheber, Hammer, Beil, Axt, Bolzenschneider, Schaufel, Spaten, Munitionskiste, Sortiment mit Zahlen, taktischen Zeichen und Balkenkreuzen.

Die Firma **Peter Müller, Gerdagstraße 7 aus 31061 Alfeld, Tel. 05181/13977** liefert folgende Panzer und Transportfahrzeuge als Fertigmodell oder als Bausatz:

- Kampfpanzer LEOPARD 2 im Maßstab 1:10
- Kampfpanzer LEOPARD 2 A5 im Maßstab 1:10
- Kampfpanzer LEOPARD 2 A5 im Maßstab 1:16
- Schützenpanzer MARDER A3 im Maßstab 1:10
- Bergepanzer Standard im Maßstab 1:10
- Pionierpanzer DACHS im Maßstab 1:8
- Panzertransportfahrzeug SLT 50-2 im Maßstab 1:10
- Panzertransportfahrzeug SLT 50-2 im Maßstab 1:16

In Vorbereitung:
Schützenpanzer MARDER A3 im Maßstab 1:16

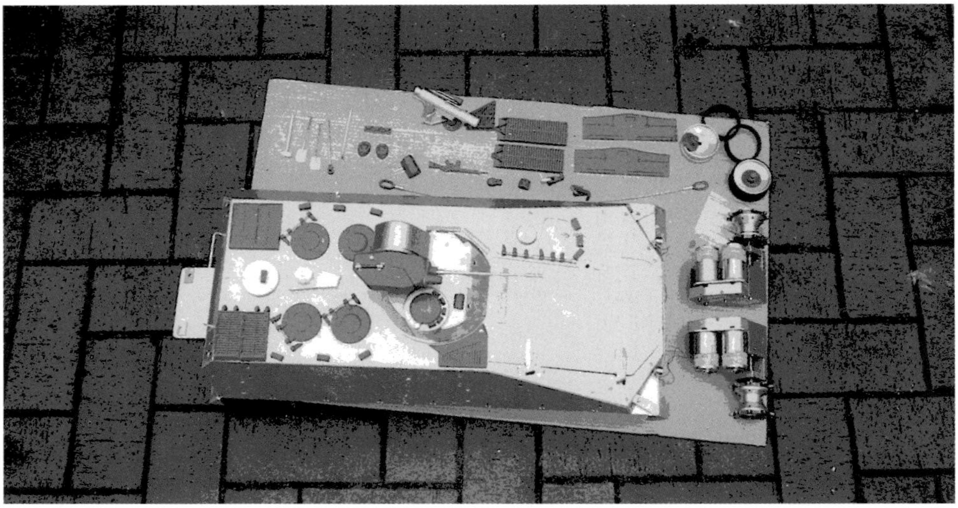

Schützenpanzer MARDER A3 im Maßstab 1:10, oben Bausatz, unten fertiges (unlackiertes) Modell

LEOPARD 2-Modell im Maßstab 1:10 von Herrn Peter Müller. Vorder- und Rückansicht des fertigen Modells

Die Modelle sind überwiegend in Aluminium gefertigt und verschraubt. Die Standardausführung der Bausätze enthält: Laufrollen, Stoßdämpfer, Ketten aus Gießharz, Endverbinder und Kettenbolzen aus Stahl, Hauptantrieb mit je zwei Elektromotoren sowie je ein Getriebemotor für Turm drehen, Kanone heben, senken und abfeuern. Die Schießanlage ist für 8 Schuß 9 mm × 17 mm ausgelegt. Wannenaufbau und Turmunterteil sind aus 2 mm starkem Aluminium gefertigt. Das Turmgehäuse wird aus 1,5 mm starken, kupferbeschichteten Epoxiplatten hergestellt. Mitgeliefert werden zwei Scheinwerfer, eine Rückleuchte, sämtliche Beschlagteile, ein Schraubensortiment, Inbusschlüssel, Öl und Getriebefett.

Blick in die Wanne auf die Antriebseinheit des LEOPARD 2-Modells von Herrn Müller

Blick in den Turm mit Schießanlage beim LEOPARD 2 von Herrn Müller

Die Bausätze werden in vier verschiedenen Grundausführungsformen geliefert:

1. Bausatz mit Motoren und Werkzeug
2. Grundausstattung ungespachtelt, unlackiert
3. Grundausstattung gespachtelt und lackiert
4. Grundausstattung in NATO-Oliv mit Hoheitsabzeichen.

Die Modelle werden auf Anfrage auch fertig zusammengebaut mit Funkfernsteuerungsanlage geliefert.

Wie eingangs schon erwähnt, gibt es von Herrn Müller auch das Modell eines Bergepanzer Standard.

Technische Daten des Bergepanzermodells:

Länge:	757 mm
Breite:	325 mm
Höhe:	270 mm
Gewicht:	18 kg
Kran Hubleistung:	ca. 5 kg
Stützleistung Räumanlage:	ca. 30 kg
Höchstgeschwindigkeit:	ca. 8 km/h

Ebenfalls im Programm der Firma ist u.a. ein LEOPARD 2 im Maßstab 1:16 in Ganzmetallausführung. Das Modell ist voll geländegängig, der Turm ist drehbar und die Kanone heb- und senkbar.

Noch unlackiertes Modell des Bergepanzer Standard im Maßstab 1:10, Bausatz der Firma Peter Müller

Modell Bergepanzer Standard, gebaut aus einem Bausatz der Firma Peter Müller im Maßstab 1:10

Panzertransportfahrzeug SLT 50-2 im Maßstab 1:16 von Herrn Müller im Rohbau

Kampfpanzer LEOPOARD 2 A5 im Maßstab 1:10, komplettes Modell, Motorraum

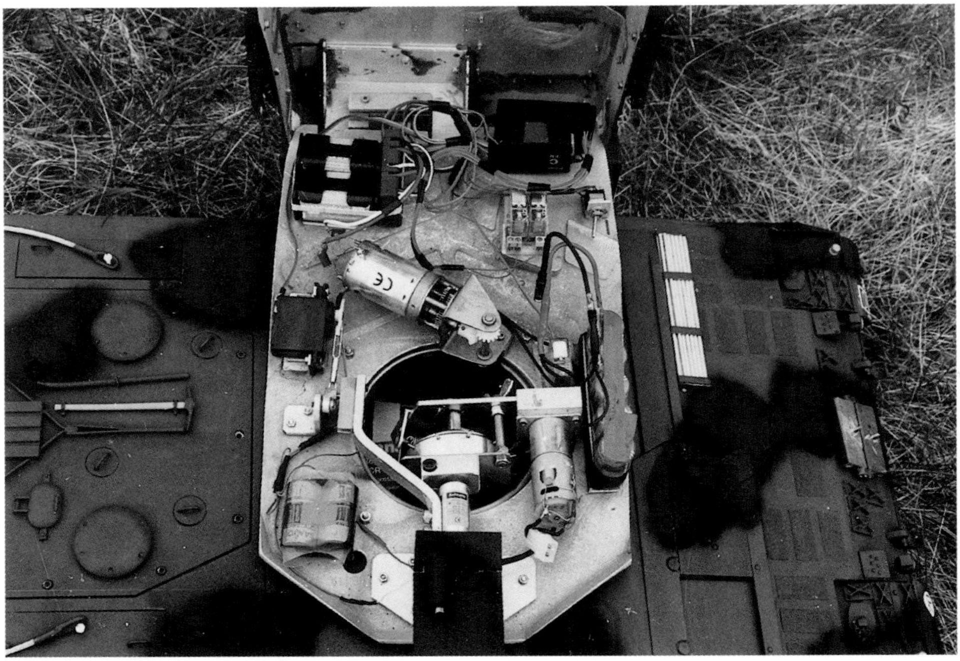

Kampfpanzer LEOPOARD 2 A5 im Maßstab 1:10, Turmelektronik

Kurz vor Redaktionsschluss zu dieser Auflage erreichte mich noch die Nachricht von der Firma Peter Müller, dass nun auch die Luftlandepanzer WIESEL 1 und WIESEL 2 im Maßstab 1:8 als Bausätze lieferbar sind. Diese Fahzeugmodelle sind überwiegend aus Aluminium, die Kette aus Gießharz mit Antrieb über den Mittelführungssteg gefertigt. Die Endverbinder und Kettenbolzen bestehen aus Stahl. Die Modelle besitzen zwei 12-Volt-Elektroantriebe und können auf der Hochachse wenden. Die WIESEL 1-Modelle verfügen ferner noch über einen zusätzlichen 12-Volt-Motor zum Drehen des Turms. Die Laufrollen sind gefedert, das Leitrad verfügt neben der Federung auch über eine selbstständige Kettenspannvorrichtung.

Technische Daten:

WIESEL 1: Länge 444 mm, Breite 228 mm, Höhe 228 mm

WIESEL 2: Länge 507 mm, Breite 228 mm, Höhe 208 mm

Gewicht jeweils 6 kg (ohne Akkus).

Siehe hierzu auch den Baubericht von Herrn Klaus Wehler im Abschnitt 10.8 zum Luftlandepanzer WIESEL.

Einen Bausatz des LEOPARD 1A4 im Maßstab 1:10 liefert die Firma **TRUCKS & Tanks Sondermodellbau, M. Gottschalk Neumann, Hauptstraße 6, 96185 Schönbrunn-Oberneuses, Handy: 01711874579**

Der Bausatz enthält die vormontierte Unterwanne, die fertig gegossene Oberwanne, den Turm mit gedrehter Kanone, alle Beschlagteile, die Ketten, Laufrollen und Montagepläne. Das Modell wurde so konzipiert, daß ein realistisches Fahren auch im Gelände möglich ist. Die Drehstabfederung wirkt wie beim Originalpanzer, so daß Unebenheiten leicht überwunden werden können.

Weiterhin werden folgende Nachrüstsätze angeboten: Soundmodule Motorgeräusch, MG-Feuer und Kanonenschuß. Ein Lenkgetriebe mit zwei Elektromotoren sowie Antriebseinheiten für die Kanone und die Turmbewegung. Das fertige Modell wiegt ca. 27 kg.

Wie kurz vor Redaktionsschluß von der Firma Neumann zu erfahren war, wird für den LEOPARD 1 ein Gußturm geliefert, der als Bausatz erhältlich ist und zu den früheren Panzern der Firma VEROMA paßt.

Modellpanzer LEOPARD 1 A4 der Firma M. Gottschalk Neumann im Maßstab 1:10 (Prototyp des Bausatzmodells)

Der Gußturm von der Firma Trucks & Tanks

Wanne, Oberteil, Turm und Kanone aus dem Bausatz LEOPARD 1 A4 im Maßstab 1:10 der Firma M. Gottschalk Neumann

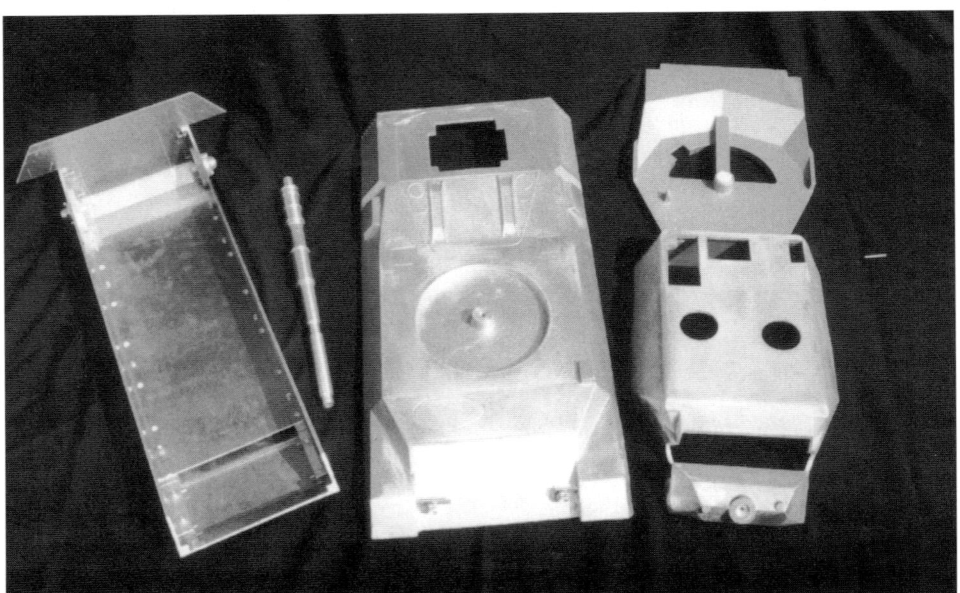

Herr **Martin Heinz, Maria-Juchacz-Ring 50, 66564 Ottweiler, Tel. 06824/7323** schrieb mir, dass er ein Überlagerungsgetriebe entwickelt hat und seine Konstruktion auch anderen Modellbauern zugänglich machen möchte.

Ich lasse nun Herrn Heinz selbst zu Wort kommen. Eines seiner Getriebe, das bereits in einer Kleinserie gefertigt wurde, hat Herr Heinz in seine Planierraupe eingebaut, die im Abschnitt 6 „Zivile Kettenfahrzeugmodelle" beschrieben wird.

„Die von mir gebaute Planierraupe CATERPILLAR D8H im Maßstab 1:6,3 wurde bewusst mit Stirnradgetrieben und zwei getrennten Motoren (einer pro Seite) ausgeführt. Durch die hohe Untersetzung reicht die Kraft zum Wenden auf jedem Untergrund und beim „Berge versetzen" liefern gleich zwei Motoren den Vorschub. Beim schnelleren Panzermodell, das weiter hinten beschrieben wird, befriedigte mich dieser einfachen Variante jedoch nicht. Nach mehreren Versuchen mit verschiedenen Antriebskonzepten und Lenksystemen, welche mich nicht überzeugten, erhielt ich Einsicht in einen Getriebeschnitt der Firma Renk. Noch am selben Tag entwarf ich ein im Prinzip gleiches Getriebe, welches ich auf meine Zwecke abstimmte. In ihm wird auf mechanischem Wege und ohne Kraftverlust der Lenkantrieb vom Fahrantrieb getrennt. Das heisst, ein Motor (meist der stärkere) dient zur Geradeausfahrt (vorwärts/rückwärts); der andere zum Kurvenfahren bis hin zum Wenden auf der Stelle. Die Vorteile liegen auf der Hand: Durch die Trennung können nun die Übersetzungen von Lenk- und Fahrbetrieb dem erforderlichen Drehmoment angepaßt werden. Bei Geradeausfahrt ist das erforderliche Drehmoment relativ gering, wohingegen bei Kurvenfahrt die benötigte Kraft enorm ansteigt. Also wählte ich für den Fahrbetrieb eine niedrige, für den Lenkbetrieb eine hohe Untersetzung. Durch zwei Planetengetriebe werden die Drehzahlen überlagert. Die Grunddrehzahl liefert der stärkere Motor für Geradeausfahrt, diese steht zunächst an beiden Getriebeausgangswellen zur Verfügung. Das Kettenfahrzeug fährt nun geradeaus. Dreht sich nun der Lenkmotor, so wird diese Drehzahl auf die eine Seite addiert und von der anderen subtrahiert. Das Kettenfahrzeug befindet sich nun in Kurvenfahrt, je nach Drehsinn des Lenkmotors entweder in einer Links- oder Rechtskurve. Mit dieser Getriebeausführung ist ein dynamisches, vorbildähnliches Fahrverhalten möglich. Zudem ergeben sich günstige Verbrauchswerte, denn beide Motoren sind exakt auf ihren Verwendungsbereich angepasst. Bei einem einfachen Stirnradgetriebe und einem Motor pro Seite muss die Untersetzung auf das Wenden abgestimmt werden, denn dann ist das notwendige Abtriebsmoment am größten.

Bei Geradeausfahrt hat man jedoch immer das Gefühl, im „1. Gang" zu fahren. Natürlich kann man so ein Modell entsprechend motorisieren und mit einem senderseitigen V-Mischer versehen, doch das kostet Strom und beim Lenken ruckt es mitunter.

Ferner ist das Getriebe prädestiniert für Verbrennungsmotorantrieb. Man baut ihn natürlich in den Fahrantrieb ein und schaltet eventuell ein Umkehrgetriebe für die Fahrrichtungsumkehr und/oder ein Automatikgetriebe zwischen Motor und Überlagerungsgetriebe. Für die Lenkung behält man den Elektromotor bei und regelt ihn mit einem elektronischen Fahrtregler stufenlos vorwärts/rückwärts, um auch größte und kleinste Radien definiert fahren zu können.

Das Getriebe ist überwiegend aus CNC-gefertigten Aluminiumteilen aufgebaut. Der Abtrieb ist kugelgelagert, die eingangs für diese Anwendung hergestellten Planetengetriebe sind aus Stahl gefertigt, gehärtet und feinstbearbeitet. Der

Das Überlagerungsgetriebe von Herrn Heinz

Lenkantrieb ist überwiegend gleitgelagert (niedrige Drehzahlen). Als Zahnradwerkstoffe kommen Stahl und Azetalharz (Hostaform C) zur Anwendung. Bei der Konstruktion wurde auf kostengünstige, rationelle Fertigung und Reproduzierbarkeit besonders geachtet, die Fertigung ist prozesssicher. Sämtliche Belastungen wie Scherkräfte, Biegekräfte und insbesondere die Drehmomentbelastungen der Zahnräder liegen im Dauerbetriebsbereich, wenn die folgenden Werte nicht überschritten werden.

Fahrgetriebe:

Eingangsdrehzahl: max. 1200 1/min

Eingangsdrehmoment: max. 120 Ncm

Dauerdrehmoment: 50 Ncm

Lenkgetriebe:

empfohlene Eingangsdrehzahl: 6000 1/min

Eingangsdrehmoment: 30 Ncm

Technische Daten:
Länge ohne Motor: 110 mm
Breite ohne Motor: 140 mm
Höhe ohne Motor: 100 mm
Untersetzung im Fahrbetrieb: i=3,916
Untersetzung im Lenkbetrieb: i=18,593
Gewicht: 900 g

Das Fahrgetriebe wird über einen Keilriemen angetrieben, der mittig in das Getriebe einläuft. Durch Wechsel der motorseitigen Keilriemenscheibe kann man die Untersetzung von i=1 bis i=2 an das Modell anpassen (i=3,916 – i=7,832). Ferner können Abtriebsritzel mit verschiedene Zähnezahlen montiert werden. Es können Motoren mit einer Leistung von 20 bis 600 Watt und 12000 1/min verwendet werden. Das Lenkgetriebe wird über eine Kardanwelle angetrieben, es eignen sich Drehzahlen um 6000 1/min und Leistungen ab 15 Watt bis 200 Watt. Das Getriebe ist mit einem Fahrzeuggewicht von 40 kg erprobt.

Die Grundplatte enthält 4 Bohrungen mit 4,5 mm Durchmesser, Abstand 124 x 40 mm. Der Abstand der Abtriebskettenräder (Teilung 6, Zähnezahl 13) beträgt 122 +/- 1 mm. Das Getriebe wird montiert ohne Motoren geliefert, somit ist eine individuelle Anpassung an das Fahzeugmodell möglich. Nach Absprache werden entsprechende Anbauteile mitgeliefert, die Anbindung aller gängigen Motoren ist möglich."

Tamiya-Bausätze im Maßstab 1:16

Nicht jeder hat die Möglichkeit und die Fähigkeit, ein Panzermodell im Maßstab 1:7 oder 1:10 zu bauen. Für diese Modellbauer bietet die Firma **Tamiya** vier Baukästen an. Aus diesen lassen sich der Kampfpanzer LEOPARD 1A4, der Flakpanzerder GEPARD, der KÖNIGSTIGER und der US-Panzer SHERMAN M4 im Maßstab 1:16 aufbauen. In den Baukästen sind alle zum Bau der Modelle erforderlichen Einzelteile, teils sogar vormontiert, das Getriebe und die Antriebsmotoren enthalten. Für den Einbau einer Fernsteuerungsanlage ist in allen drei Modellen genügend Platz vorhanden.

Die Wanne des LEOPARD 1A4 besteht aus verzinktem Blech, das Oberteil mit dem Turm aus Kunststoff. Antriebsräder und Kettenteile sind aus Metall gefertigt. Da bei diesem Modell nur ein Antriebsmotor verwendet wird, sorgt ein spezielles fertig zusammengebautes Getriebe für die Umschaltung der beiden Ketten. Über einen Kupplungshebel, der auf eine linke und eine rechte Kupplungsscheibe drückt, lassen sich wechselseitig die Ketten auskuppeln, um Wendemanöver ausführen zu können. Der Turm läßt sich drehen, die Kanone heben und senken.

Anders als beim LEOPARD besitzt der GEPARD ein Antriebsgetriebe mit zwei Elektromotoren, die wechselseitig abgeschaltet werden, wenn der Panzer wenden soll. Ein dritter Motor wird für den Antrieb des Rundsuchradargerätes und ein vierter für die Höhenverstellung der beiden Flugabwehrkanonen sowie das Drehen des Turmes verwendet. Das Rundsuchradar läßt sich herunterklappen, was der Transportstellung des Vorbildes entspricht. Außerdem ist der hintere Turmteil aufklappbar ausgeführt, um im Bedarfsfall an den Antriebsmotor des Rundsuchradars herankommen zu können. Wie beim LEOPARD-Modell sind auch hier die Kettenlaufrollen durch Schwingarme federnd gelagert. Im Prinzip ähnlich aufgebaut ist auch der KÖNIGSTIGER.

Später, im Kapitel 7.3, wird der Bau eines KÖNIGSTIGERs im Maßstab 1:16 aus einem Tamiya-Baukasten beschrieben. Eine weitere Baubeschreibung des US-Panzers SHERMAN M4 im Maßstab 1:16 ebenfalls aus einem Tamiya-Baukasten, erfolgt im Kapitel 9.

Kampfpanzer LEOPARD 1A4 im Maßstab 1:16 (Tamiya)

Flakpanzer GEPARD im Maßstab 1:16 (Tamiya)

Abmessungen der Modelle im Maßstab 1:16:

LEOPARD 1A4:
Länge: 44 cm, mit Rohr 59 cm
Breite: 22 cm
Höhe: 17 cm
Gewicht: 4 kg

GEPARD:
Länge: 46 cm,
Breite: 22 cm
Höhe: 25 cm
Gewicht: 3 kg

KÖNIGSTIGER:
Länge: 45 cm, mit Rohr 60 cm
Breite: 24 cm
Höhe: 24 cm
Gewicht: 4,5 kg

Die Firma **Conrad Electronic, Klaus-Conrad-Straße 1 in 92240 Hirschau** liefert Panzerketten, Kettenräder, Laufrollen, Zahnräder, Wellen, Achsen und weitere Teile, die beim Panzermodellbau verwendet werden können. Elektro- und Verbrennungsmotoren sind ebenfalls im Programm. Aus Bausätzen lassen sich jede Menge elektronischer Schaltungen zusammenbauen, wie z.B. elektronische Fahrtregler, Geräuschgeneratoren, Kontroll- und Überwachungsschaltungen. Weiter werden Fernsteueranlagen und deren Zubehör angeboten. Um sich über das gesamte Programm infomieren zu können, ist es ratsam, den CONRAD-Katalog anzufordern. Er enthält auf über 1000 Seiten eine Fülle von Informationen für den Modellbauer und Hobby-Elektroniker.

Die Firma **Erika Rathke Modelltechnik (RAMOTEC), In der Stuken 13, 21337 Lüneburg, Tel. 04131/860792** liefert für den Transportpanzer FUCHS der Bundeswehr einen Baukasten. Das Modell ist im Maßstab 1:15 konzipiert, allradangetrieben und schwimmfähig. Im Baukasten befinden sich alle Teile vorgefertigt (gefräst, gebohrt) einschließlich Oberwanne im Rohbau. Nach Vereinbarung kann auch die Unterwanne zusätzlich vorgefertigt geliefert werden. Auf Wunsch wird Zubehör wie Werkzeugsatz, Stoßdämpfersatz, Zusatzpanzerungssatz, Rundumkennleuchte mit Lauflicht und Fleckentarnplan beigegeben. Unabhängig vom Baukasten ist der vollständige Bauplan im Maßstab 1:1 mit ausführlicher Bauanleitung erhältlich.

Der Konstrukteur des Baukastens, Herr Hans-J. Rathke, baut seit mehr als 20 Jahren Funktionsmodelle, vorwiegend Militärfahrzeuge. Schon im Dienst als technischer Stabsoffizier in der Panzertruppe, später im Spezialstab ATV der Kampftruppenschule in Munster suchte er einen Weg, die ihn faszinierende Technik von Geländefahrzeugen über den Beruf hinaus in Modelle umzusetzen.

Modell des Transportpanzers FUCHS im Maßstab 1:15 aus einem Bausatz der Firma Erika Rathke gebaut

Ansicht des Modells von unten

Ein Blick in die Innereien des FUCHS-Modells im Maßstab 1:15

Ein Modell des FUCHS in der Variante des technischen Hilfswerks beim Einsatz im Wasser

1975 entstand in gemeinsamer Arbeit mit seinem Kameraden Manfred Stoeck in Peine der Kampfpanzer LEOPARD 1. Schon damals sollte ein Abbild vom legendären Vorbild nicht nur äußerlich, sondern auch in der Funktion entstehen, was auch gelang.

Nach Ausschöpfen der vielen Möglichkeiten bei Kettenfahrzeugmodellen reift seit 1980 immer mehr der Wunsch, auch Radfahrzeuge in diesem Maßstab zu bauen. Leider scheiterte dieses Vorhaben zunächst an fehlenden Reifen, es begann ein mühevoller Weg, der schließlich zum Erfolg geführt hat.

Herr **Josef Rammerstorfer, Leitenstraße 49 aus A-8054 Graz, Tel. 43 (0) 316/ 283780** befasst sich seit langer Zeit mit der Entwicklung und dem Vertrieb von mikroprozessorgesteuerten Fahrtreglern und anderen Komponenten speziell für den Panzermodellbau.

Da mir diese Komponenten für den Panzermodellbauer als sehr wichtig und für seine Arbeit hilfreich erscheinen, möchte ich sie hier kurz erwähnen. Eine ausführliche Beschreibung würde den Rahmen dieses Buches sprengen, interessierte Leser sollten sich direkt an Herrn Rammerstorfer wenden. Auf den nachstehenden Skizzen sind die verschiedenen Komponenten beispielhaft in die Risszeichnungen eines LEOPARD 2 eingefügt. Die einzelnen Komponenten können natürlich je nach Bedarf in Kettenfahrzeugen unterschiedlicher Typen eingesetzt werden.

STEUERKOMPONENTEN für den PANZERMODELLBAU

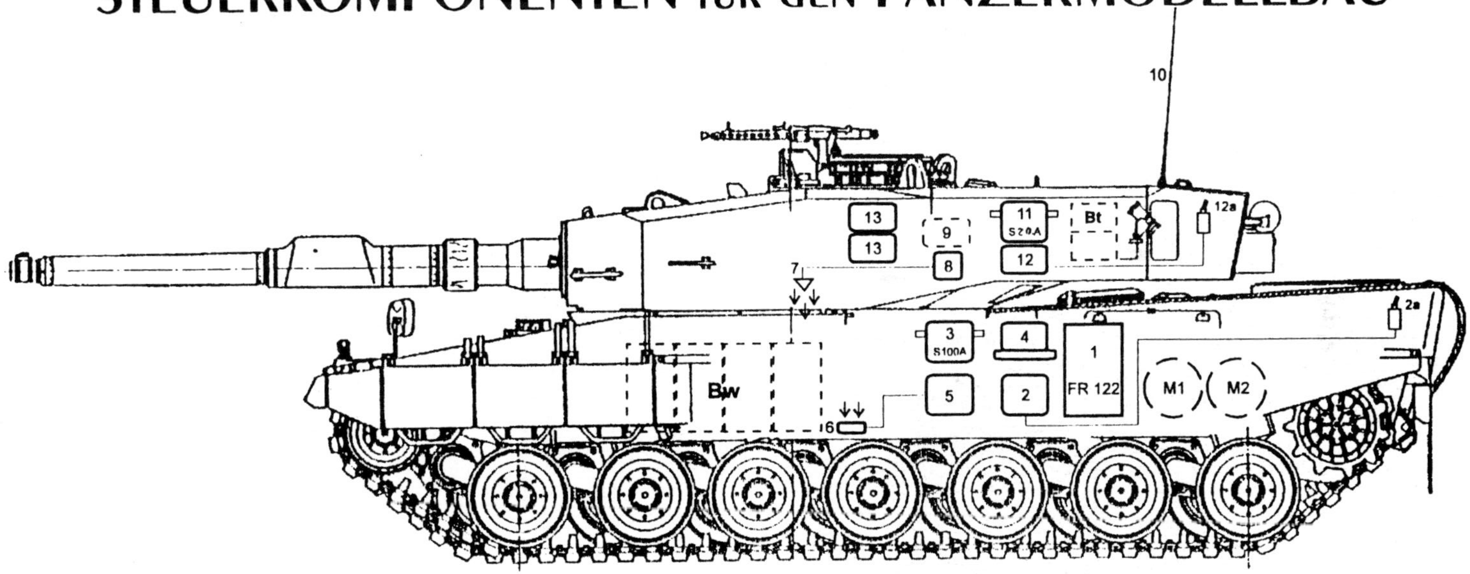

1 Fahrtregler für 2 Gleichstrommotoren
2 Vorschaltgerät zu 1, 3 u. 5
2a Hauptschalter Wanne (leistungslos)
3 Hauptstromschalter Wanne
4 Verteilerfeld
5 Infrarotempfänger
6 Infrarotempfangsdiode

M1 Antriebsmotor 1
M2 Antriebsmotor 2

Bw Batteriesatz Wanne
Bt Batteriesatz Turm

7 Infrarotsendediode
8 Infrarotsender
9 Fernsteuerempfänger
10 Empfangsantenne für Fernsteuerempfänger
11 Hauptstromschalter Turm
12 Vorschaltgerät zu 8, 9 u. 11
12a Hauptschalter Turm (leistungslos)
13 Fahrtregler für Hilfsantriebe Turmdrehen, Kanonenelevation etc.

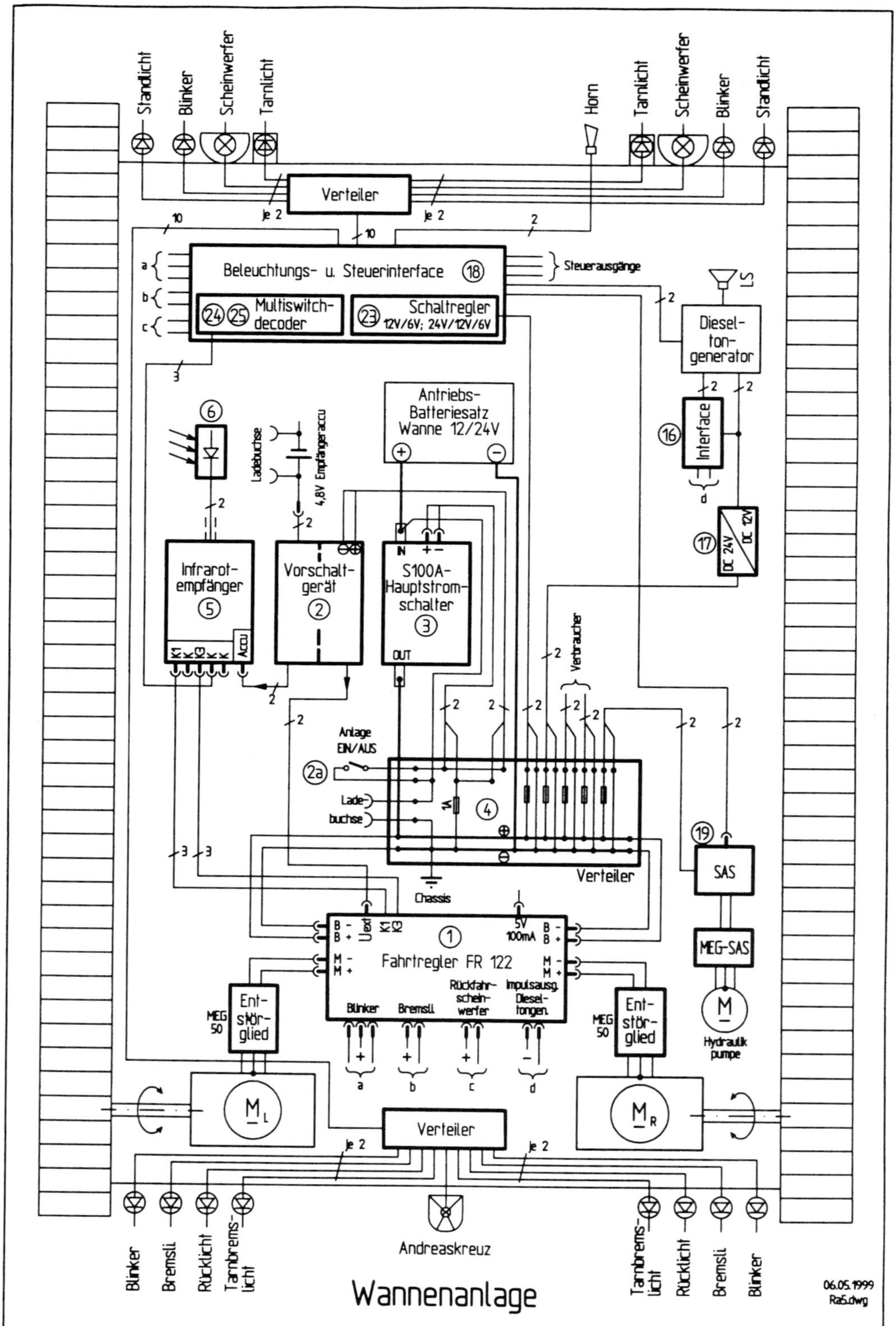

Wannenanlage

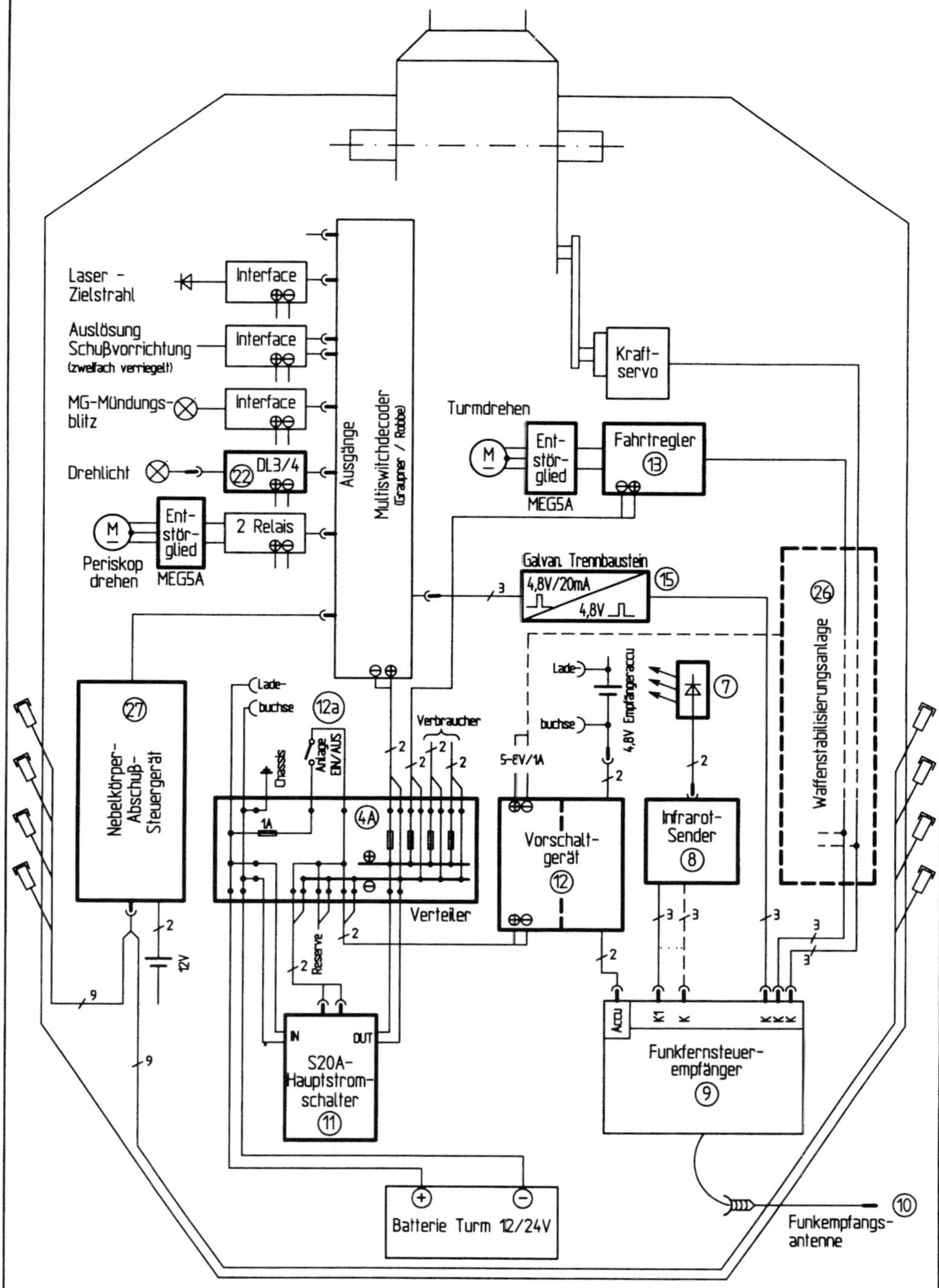

Turmanlage

06.05.1999
Ra6.dwg

Kettenfahrzeugregler FR 122-1, 24 V/50 A mit VDO-Industriemotor 30 Ncm

Kettenfahrzeugregler FR 122-1 zerlegt

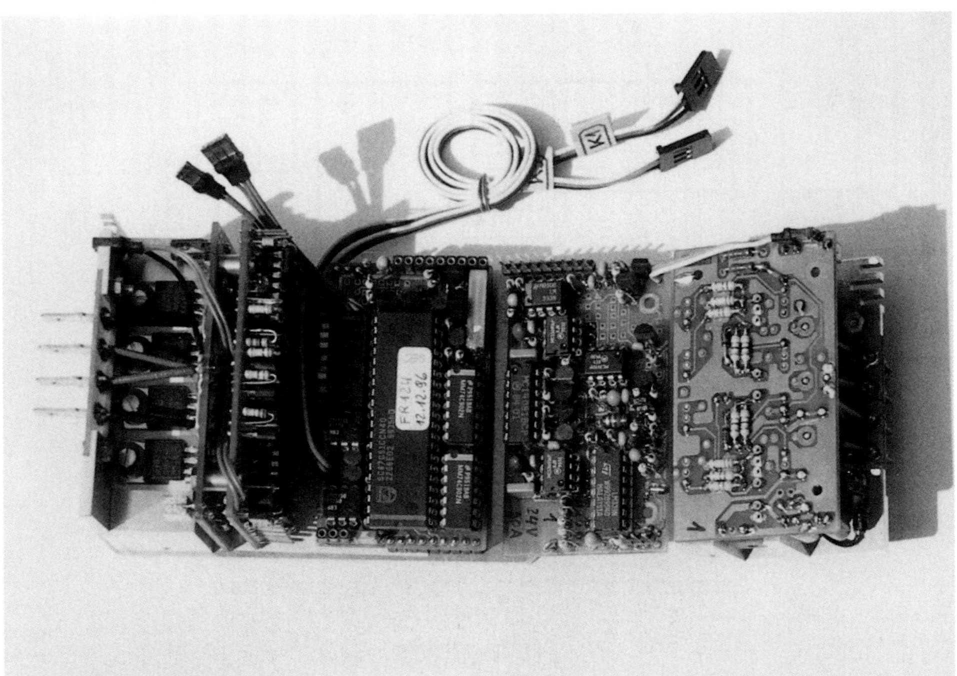

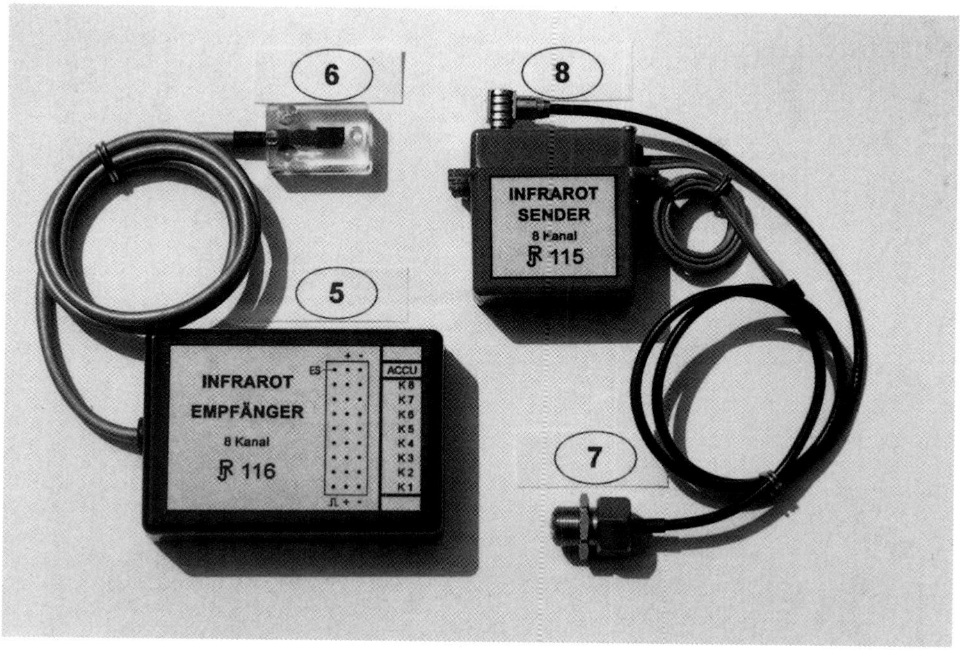

5 = Infrarotempfänger, 6 = IR-Empfangsdiode, 7 = IR-Sendediode, 8 = IR-Sender

Beleuchtungs- und Steuerinterface

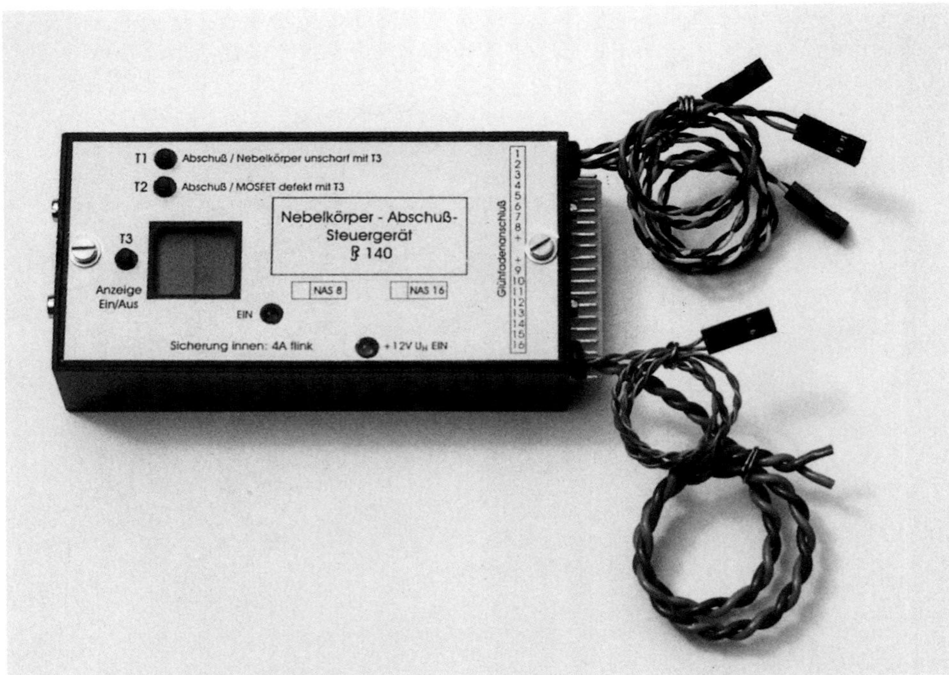

Nebelkörper-Abschußsteuergerät

Voll ausgebauter Graupner-Sender mit 9 (18) Kanälen

Teile für Panzermodelle der LEOPARD-Familie im Maßstab 1:8 liefert Herr **Heinz Grabenstein, Klinkenweg 28, 50189 Elsdorf, Tel. 02274/3853**. Auf Anfrage ist Herr Grabenstein auch bereit, Fertigmodelle aller Panzertypen der LEOPARD-Familie zu liefern. Interessenten setzten sich bitte mit Herrn Grabenstein in Verbindung.

Figuren und Panzerbesatzungen in den Maßstäben 1:7, 1:9 und 1:10 liefert die Firma **HP-Models, Postfach 101151 aus 46471 Wesel**.

Dabei handelt es sich um folgende Halbfiguren:

Im Maßstab 1:7 sind lieferbar:

Panzerkommandant

Ladeschütze

Panzerfahrer

Panzerkommandant der Bundeswehr

US-Panzerkommandant

Englischer Panzerkommandant

Deutscher Panzerkommandant 2. Weltkrieg

Bundeswehr-Panzerkommandant im Maßstab 1:7

US-Panzerkommandant im Maßstab 1:7

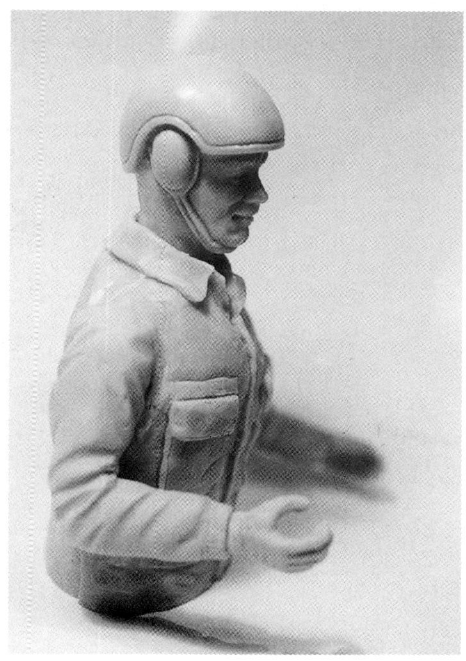

Wie ich weiter von der Firma HP-Models erfuhr, kommt der TIGER I im Maßstab 1:10 Mitte 2000 als Bausatz und als Fertigmodell auf dem Markt. Der Panzer wird in Mischbauweise gefertigt, die Ketten sind aus Kunststoff mit Kohlefaser-Verstärkung, das Laufwerk aus gehärtetem Stahl und der Aufbau aus Leichtmetall erstellt.

Ketten- und Laufwerkteile werden auch als Zubehör einzeln angeboten, so daß der Modellbauer, der sein eigenes Fahrzeug baut und diese Teile benötigt, die Teile beziehen kann.

6. Zivile Kettenfahrzeugmodelle

Da es nicht nur militärische Kettenfahrzeuge sondern auch zivile gibt, z. B. Baumaschinen, Raupenschlepper usw., möchte ich in diesem Abschnitt zeigen, was auf diesem Gebiet getan wurde. Um es gleich vorweg zu sagen: Es tut sich leider nicht viel auf dem zivilen Sektor und ich würde mich freuen, von dem einen oder anderen Modellbauer etwas zu hören, der ein ziviles Kettenfahrzeugmodell gebaut hat.

Herr **Helmut Reschke, Am Vogelteich 3 aus 02788 Schlegel,** arbeitet als Raupenfahrer im Kohletagebau in Hagenwerder bei Görlitz. Während seines Berufslebens fuhr er Raupenfahrzeuge aus der ehemaligen UdSSR, Rumänien, Japan und den USA. Dadurch entstand bei ihm der Wunsch, ein solches Fahrzeug als Modell nachzubauen. Im Juli 1987 hatte er eine fabrikneue Raupe vom Typ CATERPILLAR D8N übernommen. Seitdem stand es für Herrn Reschke fest, daß er dieses Raupenfahrzeug nachbauen wollte. Da es für dieses Gerät keinen Bauplan gab, wurden die Maße vom Original abgenommen und Skizzen angefertigt. Danach wurden dann die Bauzeichnungen im Maßstab 1:10 erstellt. Wie es weiterging, lasse ich Herrn Reschke selbst berichten:

„Während des Zeichnens machte ich mir Gedanken, wie ich den Antrieb für Fahrwerk, Planierschild und Aufreißer gestalten könnte. Da nur Scheibenwischermotoren in Frage kamen, suchte ich mir die Variante mit Schneckengetriebe vom WARTBURG aus, welche ich über einen Bekannten aus einer Pkw-Werkstatt bezogen hatte. Zur Steuerung des Modells entschied ich mich für eine Kabelsteuerung. Nachdem alle Zeichnungen im Maßstab 1:10 fertig waren, wurden die Maße direkt auf das Blech übertragen. Ich verwendete 1 bis 3 mm starkes verzinktes Stahl-

Modell des von Herrn Reschke im Maßstab 1:10 gebauten CATERPILLAR D8N

Modell-CATERPILLAR

Modell-CATERPILLAR, Ansicht Planierschild

blech, welches mit der Handhebelschere geschnitten und im Schraubstock zwischen zwei Winkeleisen gekantet wurde. Zunächst entstand der Rahmen aus zwei Längsblechen und dem Bodenblech, das durch ein 8 × 12 mm starkes Profileisen verstärkt wurde. Danach wurden die Teile für das Fahrerhaus, den Batteriekasten, die Hydraulik, den Kraftstofftank, die Kotflügel und die Motorhaube mit der Verkleidung zurechtgeschnitten, bearbeitet, gekantet, angepaßt und weich verlötet.

Ein weiteres von Herrn Reschke im Maßstab 1:10 gebautes Modell

Die Baufahrzeuge von Herrn Reschke bei der „Arbeit". Auch der Lkw wurde selbst gebaut

Die Türen im Fahrerhaus und die Motorverkleidung lassen sich öffnen. Das Planierschild und der Aufreißer wurden wie beschrieben angefertigt. Die Hydraulikschläuche bestehen aus flexiblem Kupferkabel. Am schwierigsten und aufwendingsten war die Herstellung des Fahrwerkes. Dies galt insbesondere für die Fahrwerksrahmen, die Schwingen zur Aufnahme der Laufrollen und Leiträder und natürlich die Ketten. Alle Teile der Fahrwerksrahmen wurden aus 3-mm-Stahlblech elektrisch geschweißt. Alle drehbaren Teile ließ ich mir von einem Dreher anfertigen. Nun waren die Ketten an der Reihe. Ich verwendete eine Motorradkette, welche auf der einen Seite einigermaßen plangeschliffen wurde, um zu vermeiden, daß die Laufrollen von einem Glied zum anderen holpern.

Die Bodenplatten wurden aus 1,5-mm-Stahlblech geschnitten, gerichtet, zweimal gekantet und am Kettenschaken autogen aufgepunktet. Dies war eine sehr aufwendige Arbeit, die mir jedoch gut gelang. Zur Betätigung des Planierschildes und des Aufreißers wurden ebenfalls Scheibenwischermotoren eingebaut. Das fertige Modell bringt 35 kg auf die Waage, die reine Bauzeit – ohne Anfertigung der Zeichnungen – betrug ca. 400 Stunden.“

Ein weiteres ziviles Kettenfahrzeugmodell baute Herr **Michael Packolicz, Steuppergstraße 7, aus 74389 Cleebronn.** Räumschild und Kran verraten, daß es sich um ein Bergungsfahrzeug handelt, denn Herr Packolicz hat weiter vor, einen Bergepanzer der Bundeswehr zu bauen. Um für den Bergepanzer ein realistisches Vorbild zu haben, an dem das Verhalten eines solchen Fahrzeuges studiert werden kann, baute er dieses Studienmodell, dem er den Namen ROBBI gab. ROBBI kann bereits alles, was nachher auch der Bergepanzer können soll. ROBBI ist weiter ein Beweis dafür, mit welcher Akribie Herr Packolicz sein Vorhaben angeht. Das Modell entstand aus 2 mm starkem Aluminiumblech und wird von zwei Elektromotoren angetrieben. Der Kran wurde bereits so ausgelegt, daß er später für den Bergepanzer übernommen werden kann. Sein Drehkranz läuft auf Kugeln

Kettenfahrzeugmodell ROBBI von Herrn Packolicz fährt zum Einsatz

ROBBI mit ausgefahrenem Kran

mit einem Durchmesser von 3,5 mm. Er dreht sich nach rechts und links. Sein Antrieb erfolgt ebenfalls durch einen Elektromotor. Ein weiterer Elektromotor ist für das Heben und Senken des Kranauslegers vorgesehen. ROBBI ist in der Lage, eine Last von 6 kg zu heben. Dabei muß die Räumschaufel abgesetzt sein, um das Fahrzeug abzustützen.

Raupenschleppermodell von Herrn Schneider im M 1:10

Der Raupenschlepper von Herrn Schneider, Ansicht von vorne

Herr **Johannes Schneider, Eschenburgstraße 33E, aus 23568 Lübeck,** schickte mir Fotos von seinem Raupenschlepper, die ich den Lesern nicht vorenthalten möchte, da es sich um ein sehr gelungenes Modell handelt. Es ist 420 mm lang, 250 mm breit und 210 mm hoch. Die Wanne fertigte Herr Schneider aus Aluminium, die Karosserie besteht aus Kunststoff, Achsen und Hebel wurden aus Stahl angefertigt. Das Modell wird von zwei Elektromotoren angetrieben, von denen je einer auf die rechte und linke Kette arbeitet. Die Ketten selbst und die Zahnräder stammen von der Firma Conrad Electronic.

Herrn **Josef Jarosch, Angerbachring 22, A-5201 Seekirchen**, berichtete mir von seinem zivilen Kettenfahrzeugmodell, das ich hier vorstellen möchte:

„Das Fahrgestell stammt von der Firma Conrad-Elektronik, allerdings habe ich es voll gefedert ausgeführt. Angetrieben wird das Modell einschließlich Beleuchtung und Warnlicht von einem Bleiakku mit 6 V/6Ah. Das Räumschild sowie die hinteren ausziehbaren Verlängerungen werden als Stützen verwendet. Der Kranbetrieb für das Heben und Ausfahren des dreiteiligen Teleskoparmes erfolgt über eine Gewindespindel. Den Aufbau habe ich aus 2 mm starken Kunststoffplatten hergestellt, die Gesamtlänge des Fahrzeuges beträgt 0,52 m, sein Gewicht liegt bei 7 kg.

Beim Fahrwerk änderte ich die Getriebeübersetzung, pro Seite kam ein Rad dazu. Die Tragarme sind aus Hartholz gefertigt. Die Getriebe, je eines pro Kette, wurden zusätzlich mit 10:50 Zähnen untersetzt. In der Wanne befindet sich das Servo für die Betätigung des Räumschildes und der ausfahrbaren Stützen. Die Stützen selbst sind schwenkbar gelagert, um sie bei Nichtgebrauch einklappen zu können, dann werden sie magnetisch festgehalten.

Das mitbestellte Fahrerhaus wurde etwas abgeändert, und zwar so, daß das Dach zur Frontscheibe hin abgeschrägt und die Fenster rundlicher gestaltet wurden. Die Scheiben bestehen aus getöntem Plexiglas, um das Innenleben zu verdecken. Neben der normalen Beleuchtung ist noch eine Rundum-Warnleuchte vorgesehen.

Gesamtansicht des Modells von Herrn Josef Jarosch

Das abgestützte Modell mit ausgefahrenem Teleskoparm

Die beiden Motoren des Kranantriebes

Das Innenleben des Modells

Auch Kranaufbau sowie die Motorabdeckung fertigte ich aus Kunststoffplatten. Die Kühlschlitze sind mit der Laubsäge ausgesägt, der Drehkranz ist kugelgelagert und wird von einem Getriebemotor angetrieben.

Der Teleskoparm besteht aus Alu-Vierkant-Rohr und einer kugelgelagerte 3-mm-Gewindestange, die am Ende abgeschrägt wurde, um ein „Hinauslaufen“ zu verhindern. Sie bewegt den Dreifach-Ausschub und das Heben des Armes. Der Flaschenzug und die Kranhaken wurden aus Messing handgefertigt, die Hubkraft beträgt 1,5 kg. Ausgefahren hat der Teleskoparm eine Höhe von 84 cm. Die Bauzeit dieses Modells betrug 2 Jahre.“

Herr **Martin Heinz, Maria-Juchacz-Ring 50, 66564 Ottweiler, Tel. 06824/7323** baute einen CATERPILLAR D8H im Maßstab 1:6,3. Als Vorbild diente ihm ein Plastikmodell der Firma Ertl im Maßstab 1:25. Hier sein Bericht:

„Nachdem ich noch einige Fotos vom Original gemacht hatte, ging es los. Der 6-Zylinder-Motor und das daran angeschlossene Powershift-Getriebe waren bis auf die Krümmer des Motors relativ schnell fertiggestellt. Hierfür verwendete ich PVC (hart). Der Rahmen wurde aus Alublechen zusammengeklebt und mit Holz verstärkt. Eine anspruchsvolle Aufgabe waren die seitlichen Vorgelege. Ich hatte Zahnräder aus Industiegetrieben ausgebaut, diese wurden in die von der Kontur her vorgegebenen Seitenvorgelege hineinkonstruiert. Die Achsabstände habe ich ermittelt und in 25 mm starke Aluminiumplatten die Lagersitze für die Kugellager gefräst. Die so entstandenen Halbschalen schliff ich mit einem Winkelschleifer.

Durch dieses Verfahren wurde eine grobe Oberflächenstruktur erreicht, was den Stirnradvorgelegen ein vorbildähnliches Aussehen verleiht. Abschließend wurden beide Getriebehälften nach Einsetzen der 25 mm starken Abtriebswelle und der Stirnradpaare zusammengeschraubt und mit Fließfett aufgefüllt.

Als Antriebsmotoren wählte ich zwei 12-Volt-Bühler, Typenreihe 1.13.018.071, die eine niedrigere Drehzahl besitzen, dafür aber mehr Drehmoment abgeben. Beide Motoren werden mit je einem elektronischen Fahrtregler angesteuert.

Nach Auswahl des Kettensystems (Einfach-Rollengliederkette) erstellte ich nun den Plan für die Schwingen. Diese bestehen aus 8 mm starkem Aluminium. An ihnen werden die Laufrollen aus Polyamid, das federgelagerte Leitrad aus PVC (hart) und die Stützrollen aus Polyamid befestigt. Das Leitrad ist kugelgelagert, die Lauf- und Stützrollen wurden mit einer 8,5-mm-Bohrung versehen und laufen auf 8-mm-Paßstiften.

Für die Ketten fand ich eine preiswerte, schnell zu fertigende und dauerhafte Lösung. Ich kaufte zwei Kettenradscheiben, Teilung $^3/_4$ x $^7/_{16}$ mit 28 Zähnen und einem Durchmesser von 178 mm sowie eine 3 m lange, dazugehörende Einfachrollenkette DIN 8187 mit geraden Gliedern. Dann fertigte ich die Kettenplatten aus 3 mm starkem Alublech und klebte je einen Steg aus Flachstahl 8 x 5 x 90 mm auf die Oberseite. Nach gründlichem Entfetten der Gliederkette wurden die fertigen Platten zunächst stumpf auf die Kette aufgeklebt. Anschließend verstärkte ich diese Konstruktion durch rückseitiges Ankleben von Aluwinkeln. Diese geklebte Konstruktion übersteht selbst die rüdesten Behandlungen schadlos!

Seitliche Ansicht des fertigen Modells von Herrn Heinz

Der Aufreißer am Heck des Modells

Da nun die ersten Hürden genommen waren, ging ich an die Arbeiten des hydraulischen Systems. Ich unternahm mehrere Versuche mit verschiedenen Zylindern, Pumpen und Ventilen. Ich verwende Teile aus dem Pneumatikbereich und betreibe diese mit einer Mischung aus Wasser und Kühlerfrostschutz. Es werden zwei Ventile benötigt, eines für das Schild, das andere für den Aufreißer am Heck. Diese werden mittels Servo mechanisch angesteuert. Genau in dem Moment, in dem das Ventil öffnet, setzt sich die Zahnradpumpe in Betrieb und hebt oder senkt das entsprechende Aggregat. Der Vorteil hierbei: Die Pumpe läuft nur dann, wenn auch Hubarbeit verrichtet werden soll. Probleme gab es noch mit dem Einbau der genannten Komponenten, da es trotz der Größe doch ziemlich beengt im Inneren des Modells zugeht.

Das Schild ist ebenfalls aus Aluminium hergestellt. Zunächst konstruierte ich ein Grundgerüst, das ich dann mit Alublechen verkleidete und mit Bauschaum innen ausschäumte. Die beiden Arme des Schildes stützen sich auf dem an den Schwingen befestigten Stahlbolzen ab.

Der Aufreißer war einfach zu erstellen. Er ist massiv aus Aulublech verschiedener Stärken gefertigt und natürlich auch voll funktionsfähig, er gräbt sich in den Boden!

Nun folgten die abschließenden Arbeiten. Aus 1 mm starken Alublech wurden die Aufbauten gefertigt: Hydrauliktank, Dieseltank, Sitzgestell, Werkzeugkiste und Armaturenbrett. In diesen Komponenten sind Teile der RC-Anlage integriert. In die Attrappe des 6-Zylinder-Dieselmotors setzte ich einen Getriebemotor ein, der den Lüfter und die Lichtmaschine über Keilriemen antreibt. Viel Fräs- und

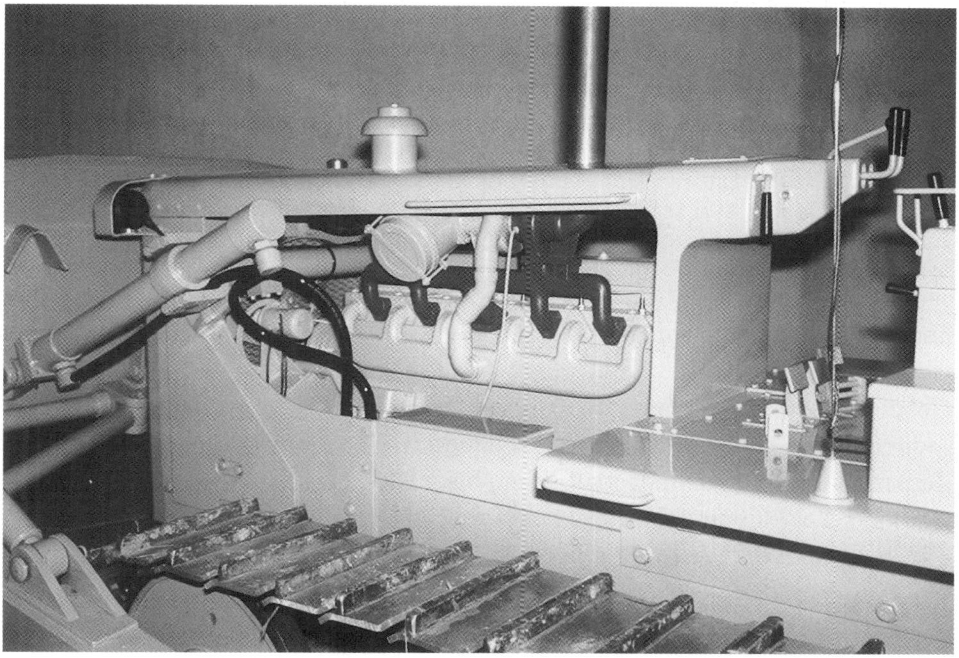

Motorattrappe linke Seite

Motorattrappe rechte Seite mit Schildhydraulik

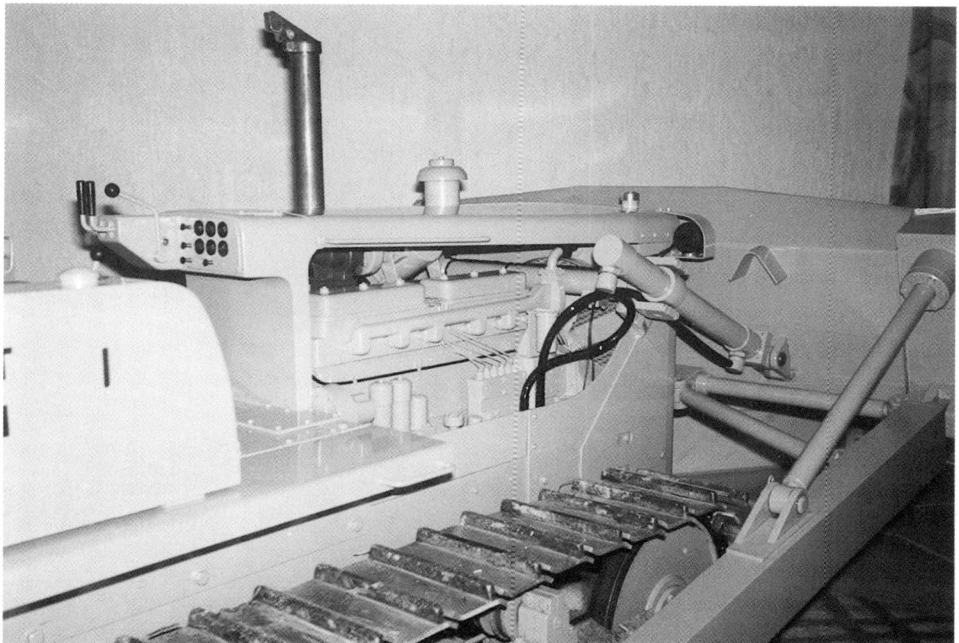

Schleifarbeit war an den Krümmern von Auslaß, Einlaß und Turbolader zu verrichten. Danach folgten alle abschließenden Arbeiten wie die Ausgestaltung des Armaturenbrettes, das Aufbringen der Farbe und der CATERPILLAR-Schriftzüge.

Der anschließende Funktionstest übertraf meine Erwartungen, vor allem im Bezug auf die Zugleistung. Je nach Untergrund erreicht das Modell Zugkräfte von 500 N und mehr. Das Verschieben von Sand oder Schnee ist wie beim Original spielend möglich, auch der Aufreißer taucht in den Boden ein. Mit einem Bleiakku 12V/7Ah beträgt die Fahrzeit bis zu einer Stunde".

Technische Daten:

Länge x Breite x Höhe: 1270x600x530 mm

Gewicht: 53kg

Geschwindigkeit: 0,8 km/h (13,33 m/min)

Antrieb: 2 x E-Motor mit 37 W Nennleistung

Zugkraft je nach Bodenbeschaffenheit: bis zu 500 N

Getriebe: 2 x Stirnradgetriebe schräg verzahnt, 4stufig, i=282
(die Stufen 3 und 4 laufen gekapselt in Fließfett).

Seit vielen Jahren baut Herr **Wilfried Kühnel, Arberstr. 24, 94577 Winzer** zusammen mit seinem Bruder Funktionsmodelle, meist in den Maßstäben 1:7 und 1:6. Einige Modelle möchte ich hier vorstellen, da sie, besonders was die Größe anbelangt, einmalig sein dürften.

Mercedes-Zugmaschine mit Scheuerle-Tieflader und Liebherr-Bagger

Der Liebherr-Bagger von Herrn Kühnel im Einsatz

Da gibt es die Mercedes-Zugmaschine, an der der Scheuerle-Tieflader hängt und auf diesem wird ein Liebherr-Bagger transportiert. Der Bagger ist mit einem Tieflöffel ausgerüstet, der ein Fassungsvermögen von 1,5 Litern hat. Angetrieben wird er von zwei Scheibenwischermotoren. Bei diesem Modell ist wie bei allen anderen auch alles funktionsfähig.

Auch das ist noch ein Modell von Herrn Kühnel, ein Nachbau der CATERPILLAR D10N

Teleskopkran-Modell von Herrn Kühnel

Das neueste Werk der beiden Brüder ist der wohl größte Modellkran, der je gebaut wurde. Vorbild ist ein siebenachsiger 360-Tonnen-Teleskopkran der Firma Faun. Da dieses Modell ebenfalls im Maßstab 1:7 gebaut ist, sind die Abmessungen gewaltig! Seine Länge beträgt 2,4 m, und wenn der Teleskoparm ausgefahren ist, erreicht er eine Höhe von 4,85 m. Das Modell wiegt fast 50 kg. Das Vorbild hat Herr Kühnel an einer Baustelle beim Münchner Flughafenbau gesehen, und dabei entstand bei ihm sofort der Wunsch, es als Modell nachzubauen.

Teleskoparm ganz ausgefahren

Modell einer Pistenraupe

NITRO BLIZZARD ist ein ziviles Kettenfahrzeugmodell für den Geländeeinsatz im Maßstab 1:12. Es wird als Bausatzmodell von der Firma Kyosho Deutschland geliefert, als Vorbild dient eine Pistenraupe, wie sie in den Skigebieten oft zu sehen ist. Angetrieben wird das Modell von einem Verbrennungsmotor, dank der Ausrüstung mit einem QRC-Getriebe kann die Raupe auch rückwärts fahren. Jeder Untergrund und jedes Gelände kann befahren werden, für das Modell gibt es fast kein Hindernis. Zum Steuern ist eine einfache 2-Kanal-Anlage erforderlich. Der GS-11X-Verbrennungsmotor mit Anreißstarter arbeitet auf ein 2-Gang-Automatikgetriebe. Im Baukasten ist alles enthalten, was für den Bau des Modells erforderlich ist, inklusive des Verbrennungsmotors. Das Chassis besticht durch den verwindungssteifen Aufbau, ein Satz Kugellager liegt dem Modell von Kyosho Deutschland ebenfalls bei. Bei gegebenenfalls vorgefertigten Komponenten müssen daher die bereits eingebauten Gleitlager gegen die Kugellager ausgetauscht werden. Der Zusammenbau erfolgt in 41 Baustufen nach der sehr ausführlichen, übersichtlichen und mit vielen Zeichnungen versehenen Bauanleitung.

Technische Daten:
Länge: 365 mm
Breite: 320 mm
Höhe: 220 mm
Bodenfreiheit: 20 mm

Der NITRO BLIZZARD im Einsatz

Blick ins Innere des Modells mit allen Komponenten

Die Getriebeeinheit des Modells

7. Panzer der ehemaligen Deutschen Wehrmacht

Nach dem Ersten Weltkrieg durfte Deutschland keine Panzer mehr bauen. Der Versailler Vertrag verbot jegliche Aktivitäten auf diesem Gebiet. Als dann 1933 die Wiederbewaffnung begann, standen Panzer ganz oben auf der Prioritätsliste. 1935 wurde die erste Deutsche Panzerdivision aufgestellt. Hieraus entwickelten sich sehr schnell völlig unabhängig kampfstarke Verbände, in die alle anderen Waffengattungen integriert wurden. Nach dem Polenfeldzug wurde jeder Panzerdivision eine Luftwaffeneinheit zugeordnet, damit glichen die Panzereinheiten eigenständigen Armeen. Die Panzer bildeten die Speerspitzen der nachrückenden Infanterie. Der Grundgedanke war und ist es auch heute noch, daß Panzer schnell und kampfstark sein müssen. Die Ausnahme waren der KÖNIGSTIGER und der Panzer MAUS. Diese wurden gegen Ende des Krieges eingesetzt und waren der letzte verzweifelte Versuch, das sich bereits abzeichnende Ende des Krieges zu verzögern. Beide Panzerfahrzeuge sind deshalb nicht typisch für den Panzerbau, weil zu schwer und unbeweglich. Um diese teueren Panzer unterhalten zu können, mußten andere Waffengattungen schwerwiegende Kürzungen ihrer Ausrüstung in Kauf nehmen.

Aus den Erfahrungen des Zweiten Weltkrieges entstanden die heutigen integrierten Panzerverbände, die derzeit in allen modernen Armeen eingesetzt werden.

Da im Zweiten Weltkrieg eine Unmenge von Panzern und Sonderkraftfahrzeugen entwickelt und gebaut wurden – und es daher den Rahmen dieses Buches sprengen würde, sie alle aufzuzählen und auf Fotos zu zeigen – habe ich mich nur auf die wichtigsten Typen beschränkt. Die Aufzählung hat demnach keinen Anspruch auf Vollständigkeit. Auch mußte ich die historischen Betrachtungen kurz fassen, um dafür den Bildanteil ausführlicher zu gestalten, was für den am Nachbau eines Panzers interessierten Modellbauer mehr von Nutzen sein dürfte. Andererseits bin ich der Meinung, daß der Modellbauer, der einen bestimmten Panzertyp nachbaut, auch etwas über den geschichtlichen Werdegang wissen sollte.

Die Panzerkampfwagen und Sonderkraftfahrzeuge der Deutschen Wehrmacht im Zweiten Weltkrieg sind beliebte Nachbauobjekte von Modellbauern. Meist wird der Maßstab 1:10 bevorzugt und die Modelle werden voll funktionsfähig mit allen Details nachgebaut. Wie die Fotos zeigen, sind einige Modelle vom Original kaum zu unterscheiden. Jeweils im Anschluß an Kurzbeschreibungen der Originalpanzer stelle ich Modellbauer vor, die den einen oder anderen Panzer im Maßstab 1:7 oder 1:10 nachgebaut haben. Interessenten, die ebenfalls planen einen bestimmten Panzertyp zu bauen, können sich mit den Modellbauern direkt in Verbindung setzen, wenn beim Eigenbau Probleme auftauchen sollten, die von den Erbauern der gezeigten Modelle bereits gelöst wurden. Dieser direkte Erfahrungsaustausch soll dazu beitragen, alle Panzermodellbauer zu einer großen Familie zusammenzuschließen.

7.1 Panzerkampfwagen I, II, III und IV

Als im Jahre 1933 die deutsche Wiederaufrüstung begann, entschied man sich beim Panzerbau zunächst für leichtere Fahrzeuge, um mit diesen erste Erfahrungen zu sammeln. Der Panzerkampfwagen IA war ein kleiner Panzer mit 2 Mann Besatzung. Sein Gewicht betrug 5,4 t. Die Wanne war leicht gepanzert, der Motor hatte eine Leistung von 60 PS. Fahrer und Kommandant saßen im gleichen Raum.

Panzerkampfwagen I (Ausführung A) im Panzermuseum Munster

Panzerkampfwagen II (Ausführungen A–C) im Panzermuseum Munster

Bei geschlossenem Fahrzeug war die Sicht gering, so daß der Kommandant meist im Turm stand. Der Turm selbst wurde von Hand gedreht. Die beiden als Bewaffnung vorgesehenen Maschinengewehre wurden vom Kommandanten bedient. Da man sehr bald erkannte, daß der Motor zu schwach war, erhielt die Ausführung IB einen 100 PS starken 6-Zylinder-Motor mit Wasserkühlung. Die Wanne wurde um 43 cm verlängert.

1935 wurde der 7,5 t schwere Panzerkampfwagen II an die Truppe ausgeliefert. Er erhielt einen 130 PS starken 6-Zylinder-Hochleistungsmotor. Die Geschwindigkeit betrug 40 km/h, als Bewaffnung waren eine 2-cm-Kanone und ein Maschinengewehr im Turm vorgesehen. Zu Beginn des 2. Weltkrieges bildeten die Panzer II zahlenmäßig das Rückgrat der kämpfenden Panzerverbände. Bei Beginn des Frankreichfeldzuges im Jahre 1940 waren 955 Panzer II einsatzbereit. Ab 1941 wurde die Ausführung F mit verstärkter Frontpanzerung von 35 mm und einer Seitenpanzerung von 20 mm gebaut. Das Gewicht des Panzers II betrug nun 9,5 t. Um seine Geschwindigkeit weiter zu erhöhen, wurden die Ausführungen H und M mit einem 200 PS starken Motor ausgerüstet. Bei einem Gewicht von 10,5 t erreichte der Panzer II jetzt eine Geschwindigkeit von 65 km/h.

Nachdem man mit den leichten Panzertypen Erfahrungen gesammelt hatte, wurde der Panzerkampfwagen III entwickelt und gebaut. Sein Gewicht war auf 15 t angestiegen. Mit Rücksicht auf die damaligen Straßenbrücken lag die absolute Gewichtsgrenze für Panzer bei 24 t. Als Bewaffnung erhielt der Panzer III eine 3,7 cm-Kanone. Seine Produktion wurde auf mehrere Firmen verteilt. Zu Beginn des Polenfeldzuges waren 98 Panzer III einsatzbereit. Am Frankreichfeldzug nahmen später 350 dieser Panzer teil. Die Kuppel gab dem Kommandanten einen guten Überblick. Die Motorleistung betrug 320 PS, als Besatzung waren 5 Mann vorgesehen. Ab Ende 1939 wurden die Ausführungen E bis H mit einer 5 cm-Kanone ausgerüstet. Während der Produktion wurde der Panzer III ständig weiterentwikkelt und verbessert. Das komplizierte 10-Gang-Getriebe wurde durch ein einfacheres 6-Gang-Getriebe ersetzt. 1941 waren 1500 Panzer III an die Truppe ausgeliefert worden. Zu Beginn des Rußlandfeldzuges erwies sich dieser Panzertyp als sehr erfolgreich, wenn auch die 5 cm-Kanone im Kampf gegen den legendären T 34 zu schwach war, so daß mit Hochdruck auf eine wirkungsvollere Kanone umgerüstet wurde. Die Ausführung M erhielt dann 1942 eine 7,5 cm-Kanone.

Der Panzerkampfwagen IV glich im wesentlichen dem Panzer III. Er wurde während des 2. Weltkrieges ununterbrochen produziert. Auch er war mit einer 7,5 cm-Kanone bestückt, sein Gewicht lag bei 24 t. Die Wanne hatte die übliche Dreiteilung. Vorne saßen der Fahrer und der Funker, im Turmraum war Platz für den Kommandanten, den Richt- und den Ladeschützen. Der Turm wurde erstmals durch einen Elektromotor angetrieben. Die Rundumsicht war gut, an den Turmseiten waren Notausstiege vorgesehen. Das Modell F wurde später mit einer längeren 7,5 cm-Kanone ausgerüstet. Damit verbunden war auch eine Änderung des Turmes, der eine stärkere Panzerung erhielt. Bis 1945 wurden mehr als 8000 Panzer IV ausgeliefert. Einige von ihnen wurden noch 1967 von Syrien im Krieg gegen Israel eingesetzt.

Einige technische Daten:

Panzerkampfwagen I

Abmessungen L × B × H: 4,03 m × 2,05 m × 1,72 m,

Gewicht: 5,4 t; Panzerung: 7 bis 13 mm; Leistung: 60 PS

Geschwindigkeit: 37 km/h; Steigfähigkeit: 58 %; Besatzung: 2 Mann;

Bewaffnung: 2 – 7,92 mm-MG

Panzerkampfwagen III (Ausführung M) im Panzermuseum Munster

Panzerkampfwagen IV (Ausführung G) im Panzermuseum Munster

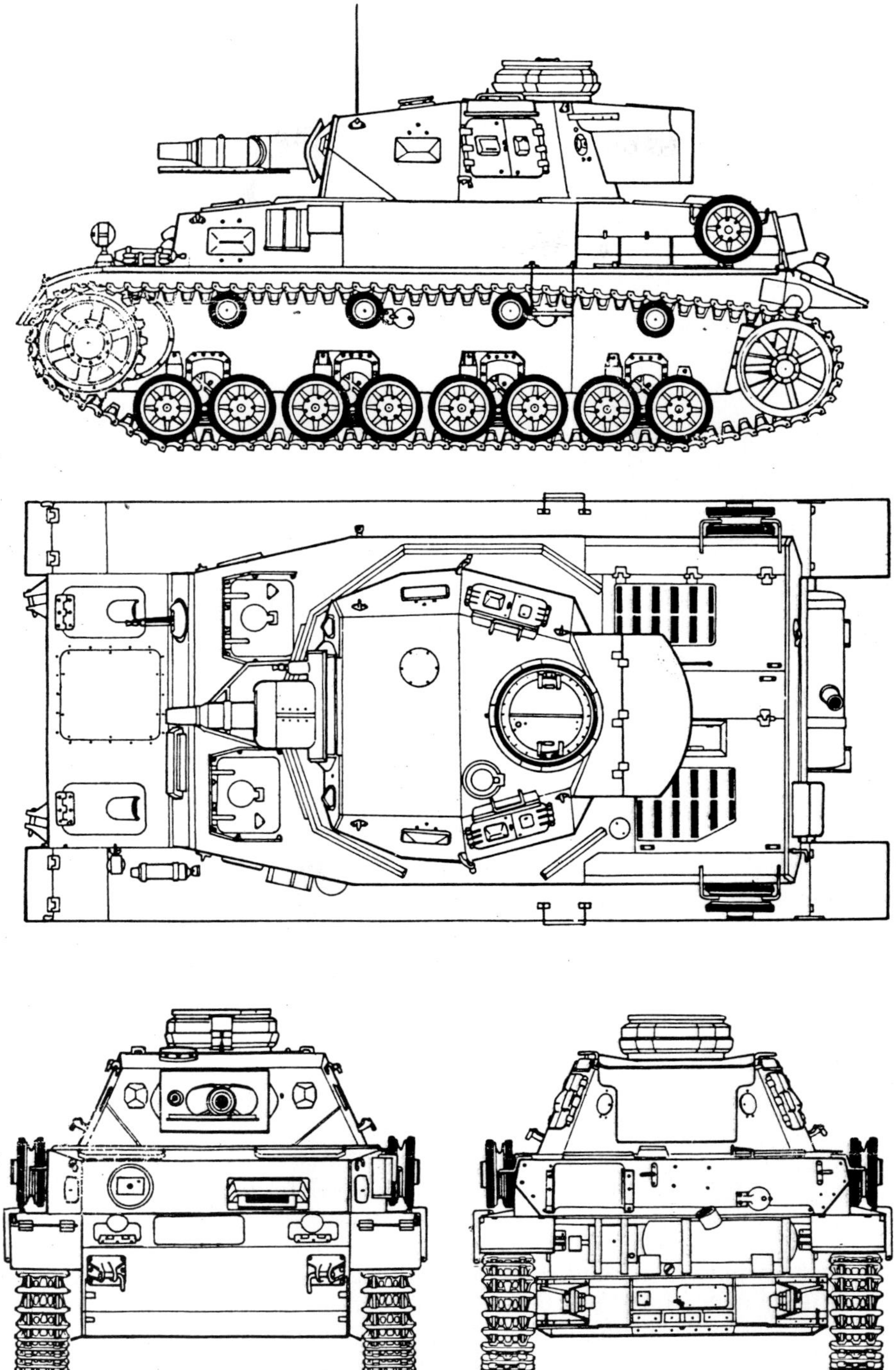

Panzerkampfwagen IV, Ausführung F, Vierseitenansicht

Panzerkampfwagen II

Abmessungen L × B × H: etwa wie beim Panzerkampfwagen I
Gewicht: 9,5 t; Panzerung: 10 bis 30 mm (Ausführung A bis C);
14,5 mm bis 35 mm (Ausführung F); Leistung: 130 PS;
Geschwindigkeit: 40 km/h; Steigfähigkeit: 50 %; Besatzung: 3 Mann;
Bewaffnung: 1 – 2 cm-Kanone, 1 – 7,92 mm-MG

Panzerkampfwagen III

Abmessungen: L × B × H: 5,7 m × 2,8 m × 2,32 m,
Gewicht: 15 t (Ausf. A bis C); 19,4 t (Ausf. F bis G);
Panzerung: 14,5 bis 90 mm (Ausf. A bis C); 30 bis 90 mm (Ausf. D bis G);
Leistung: 230 PS; spätere Ausführungen: 300 PS;
Geschwindigkeit: 40 km/h; Steigfähigkeit: 30 %; Besatzung: 5 Mann;
Bewaffnung: 1 – 3,7 cm-Kanone (Ausf. A bis D) und 2 – 7,92 mm-MG;
1 – 5 cm-Kanone (Ausf. L und J); 1 – 7,5 cm-Kanone (Ausf. M bis N)

Panzerkampfwagen IV

Abmessungen: L × B × H: 5,91 m × 2,92 m × 2,59 m,
Gewicht: 19,7 t, später 24 t; Panzerung: 20 bis 90 mm;
Leistung: 300 PS; Geschwindigkeit: 40 km/h; Steigfähigkeit: 30 %;
Besatzung: 5 Mann;
Bewaffnung: 1 – 7,5 cm-Kanone, 2 – 7,92 mm-MG

Vor einiger Zeit meldete sich Herr Adolf Trisko aus Österreich telefonisch bei mir und fragte nach, ob ich an Fotos von seinem im Maßstab 1:2,5 gebauten Modell des Panzerkampfwagens IV F1 interessiert wäre. Zunächst dachte ich, mich verhört zu haben. Ein Panzermodell im Maßstab 1:2,5? Das kann wohl nicht angehen. Ich fragte nach und erfuhr, daß ich schon richtig verstanden hatte. Ja, lieber Leser, es ist wahr, Herr Trisko hat den Panzerkampfwagen IV F1 im Maßstab 1:2,5 nachgebaut. Das Modell ist 2,3 m lang, 1,15 m breit und 1,1 m hoch. Es wird von einem Lloyd-Alexander-Viertakt-2-Zylindermotor (ca. 400 cm^3) angetrieben und kann bis zu 30 km/h schnell fahren.

Wer Kontakt mit Herrn Trisko aufnehmen möchte, hier ist seine Anschrift:
Adolf Trisko, A-3902 Klein Gloms 5, Österreich.

Der Erbauer und sein noch nicht ganz fertiges Modell eines PzKpfw IV F1 im Maßstab 1:2,5!

Seitliche Ansicht des im Bau befindlichen Modells eines PzKpfw IV F1 von Herrn Trisko

Seitliche Ansicht des Panzerkampfwagens IV von Herrn Hermann

Herr **Niels Hermann, Am Anger 2 A, 31061 Alfeld/Leine, Tel. 05181/81254** fertigt Modelle von Panzern der ehemaligen Wehrmacht in den Maßstäben 1:10 und 1:8 und bietet sie als Fertigmodell oder als Bausatz an. Folgende Modelle werden angeboten:

Kampfpanzer IV Ausf. G, Maßstab 1:10 und 1:8

Sturmgeschütz IV, Maßstab 1:10 und 1:8

Jagdpanzer IV, im Maßstab 1:10

Brummbär, Maßstab 1:10

andere Maßstäbe auf Anfrage

In Vorbereitung befindet sich das Halbkettenfahrzeug SdKfz 9 und der dazugehörige Tiefladeanhänger sowie der Brückenleger IV imMaßstab 1:10.

Die Modelle sind aus Aluminium gefertigt, geschraubt und genietet. Die Standardausführungen der Bausätze beinhalten Laufrollen auf Wippen, Antriebsketten, Hauptfahrantrieb mit zwei Antriebsmotoren, Getriebemotor für Turm drehen, Getriebemotor für Kanone heben und senken. Alle Drehteile sind aus Aluminium gefertigt bzw. gefräst, Wannenaufbau und Turmunterbau sind aus 2-mm-Alublech gefertigt. Mitgeliefert werden zwei Scheinwerfer, Beschlagteile, ein Schraubensortiment, Inbusschlüssel sowie Öl und Getriebefett.

Das selbe Modell von vorne

Ansicht von hinten

Das Fahrgestell des Modells

Die Antriebsräder vorne sind kugelgelagert, die Laufrollen, Stützrollen und die Umlenkrollen hinten sind gleitgelagert (alternativ auch kugelgelagert).

Die Bausätze werden in verschiedenen Varianten angeboten, entweder Bausatz mit Motoren und Werkzeug, Grundausstattung ungespachtelt, unlackiert; Grundausstattung gespachtelt, grundiert; Grundausstattung gespachtelt, lackiert oder komplett funktionstüchtig mit RC-Anlage.

Auf Anfrage werden auch andere Modelle gefertigt.

7.2 Sturmgeschütz III

Sturmgeschütze galten nicht als Panzer, sondern es waren gepanzerte Infanterieunterstützungsfahrzeuge. Sie verfügten über eine niedrige Silhouette und eine großkalibrige Kanone. Man entschied sich für eine kurzrohrige 7,5 cm-Kanone, die in der Wanne des Fahrzeuges montiert wurde, um an Höhe zu sparen. Benutzt wurde das Fahrgestell des Panzerkampfwagens III, bei dem der Turm durch einen schweren Aufbau, der bis zum Fahrersitz reichte, ersetzt wurde. An den beiden Seiten des Kampfraumes waren 44 Schuß Munition gelagert. Bis zum Frankreichfeldzug waren nur fünf Fahrzeuge dieses Typs einsatzbereit. Später kam das Modell F mit langrohriger Kanone und zusätzlicher Frontpanzerung heraus.

Technische Daten zum Sturmgeschütz III

Abmessungen L × B × H: 5,49 m × 2,95 m × 1,94 m;
Gewicht: 22 t; Panzerung: 30 bis 90 mm;
Leistung: 300 PS; Geschwindigkeit: 40 km/h;
Steigfähigkeit: 30 %;
Besatzung: 4 Mann;
Bewaffnung: 1 – 7,5 cm-Kanone

Sturmgeschütz III, Ausführung 40G

7.3 TIGER, KÖNIGSTIGER, JAGDTIGER und STURMTIGER

Als im Herbst 1941 an der russischen Front die ersten T 34-Panzer auftauchten, hatte man auf deutscher Seite keinen ebenbürtigen Panzer entgegenzusetzen. Die Antwort darauf war der TIGER, der in einer Rekordzeit von knapp einem Jahr als Prototyp zur Verfügung stand. Zum Jahresende 1942 waren bereits die ersten TIGER (83 Stück) der Ausführung E (später TIGER I genannt) an die Truppe ausgeliefert. Beim ersten Kampf um Leningrad (im September 1942) gingen jedoch alle beteiligten TIGER-Panzer verloren. 1943 wurde der TIGER auch in Nordafrika eingesetzt. Wie kaum ein anderer deutscher Panzer wurde der TIGER schon während seines Einsatzes zur Legende. Seine starke Panzerung und die überlegene Bewaffnung mit einer 8,8 cm-Kanone waren die hervorstechendsten Leistungsmerkmale. Nachteilig bemerkbar machte sich seine geringe Beweglichkeit. Die Wanne des TIGER war eine einfache Schweißkonstruktion mit aufgeschweißtem Aufbau. Eine vorne 100 mm und seitlich 80 mm starke Panzerung schützte die Besatzung. Um die Herstellung des Panzers einfach zu halten, wurde die Wanne kastenförmig gestaltet. Der Turmantrieb erfolgte hydraulisch vom Hauptmotor aus, was zur Folge hatte, daß der Turm von Hand geschwenkt werden mußte, wenn der Motor nicht lief. Gegen Ende 1943 wurde der Motor gegen einen etwas stärkeren ausgetauscht. Wegen des stark untersetzten Antriebes war die Höchstgeschwindigkeit gering. Sie betrug auf der Straße nur 38 km/h und im Gelände 20 km/h. Erstmals beim deutschen Panzerbau hatte der TIGER überlappende Laufräder. Schwierigkeiten gab es beim Schienentransport, da die TIGER-Ketten zu breit waren, weshalb für diese Transportart schmalere Ketten montiert werden mußten. Die Wanne war in vier Abschnitte unterteilt. Vorne saßen der Fahrer und der Bug-MG-

TIGER im Maßstab 1:10 von Herrn Wittgrebe im Gelände

Schütze. Zwischen ihnen lag das Getriebe. Im Turm war es ziemlich eng, wenn die Gesamtmenge von 92 Granaten geladen war. Eine 8,8 cm-Granate durchschlug auf 450 m Entfernung eine Panzerung von 112 mm. Entwickelt und gebaut wurde der TIGER I von den Firmen Henschel und Porsche. Der TIGER I-Panzer war kaum in Dienst gestellt, da forderte die deutsche Heeresleitung einen noch stärkeren und größeren Panzer. So entstand der TIGER II, KÖNIGSTIGER genannt. Er war ein massiges und kampfstarkes Fahrzeug, das allen damaligen Panzern überlegen war. Diese Überlegenheit wurde jedoch mit hohem Gewicht, geringer Beweglichkeit, hohem Bodendruck und geringer Wendigkeit bezahlt. Die Wanne war ebenfalls geschweißt, doch hatte sie eine bessere Abschrägung. Der Entwurf der Wanne entsprach dem des PANTHER. In dem geräumigen Turm ragte die Kanone jedoch weit ins Innere nach hinten. Es konnten 78 Schuß Munition verstaut werden. Die lange 8,8 cm-Kanone war der Bewaffnung fast aller alliierten Panzer überlegen, so daß der KÖNIGSTIGER sich seine Ziele in großer Entfernung aussuchen konnte.

Der schwerste im 2. Weltkrieg eingesetzte Panzer war der JAGDTIGER mit einer 12,8 cm-Kanone und einem Gewicht von 72 t. Wegen des Gewichts der Kanone wurde der Panzer als Selbstfahrlafette gebaut, der Turm war nicht mehr drehbar ausgeführt, wie beim KÖNIGSTIGER. Eine Granate dieses Kalibers wog 28,3 kg und hatte auf große Entfernungen eine höhere Durchschlagskraft. 38 Schuß Munition konnten mitgeführt werden. Das Fahrgestell glich dem des KÖNIGSTIGER, war jedoch um 250 mm verlängert worden. Darauf saß der große, an den Seiten stark abgeschrägte Aufbau. Wegen des hohen Gewichtes waren Motor und Getriebe überlastet. Durch den Umbau alter TIGER I-Fahrgestelle entstand der STURMTIGER, der mit einem 38 cm-Raketenwerfer ausgerüstet war. Er wurde nur in geringer Stückzahl gebaut.

KÖNIGSTIGER (Ausführung B), auch bekannt unter Panzerkampfwagen VI oder TIGER II

STURMTIGER (Brummbär)

KÖNIGSTIGER im Maßstab 1:10 von Herrn Wittgrebe

Einige technische Daten:

TIGER I

Abmessungen L × B × H: 8,28 m × 3,73 m × 2,85 m;
Gewicht: 55 t; Panzerung: 26 bis 110 mm; Leistung: 700 PS;
Geschwindigkeit: 38 km/h, im Gelände: 20 km/h; Steigfähigkeit: 35°;
Besatzung: 5 Mann; Bewaffnung: 1 – 8,8 cm-Kanone, 2 – 7,92 mm-MG

TIGER II, KÖNIGSTIGER

Abmessungen L × B × H: 7,25 m × 4,72 m × 3,27 m;
Gewicht: 69,4 t; Panzerung: 40 bis 185 mm; Leistung: 600 PS;
Geschwindigkeit: 38 km/h, im Gelände: 17 km/h; Steigfähigkeit: 35°;
Besatzung: 5 Mann; Bewaffnung: 1 – 8,8 cm-Kanone, 2 – 7,92 mm-MG

JADGTIGER

Abmessungen L × B × H: 7,8 m × 4,72 m × 2,83 m;
Gewicht: 71,7 t; Panzerung: 30 bis 250 mm; Leistung: 700 PS;
Geschwindigkeit: 38 km/h, im Gelände: 17 km/h; Steigfähigkeit: 35°;
Besatzung: 6 Mann Bewaffnung: 1 – 12,8 cm-Kanone, 1 – 7,92 mm-MG.

Herr **Thomas Wittgrebe, Spelbergfeld 30 aus 44869 Bochum,** ist ein engagierter Panzermodellbauer, der sich besonders für die Panzer der ehemaligen Deutschen Wehrmacht aus dem 2. Weltkrieg interessiert. Gebaut hat er bisher den

Modell STURMTIGER im Maßstab 1:10 von Herrn Wittgrebe

Modell JAGDTIGER im Maßstab 1:10 von Herrn Wittgrebe

TIGER, KÖNIGSTIGER, PANTHER, JAGDPANTHER, BERGEPANTHER und ELEFANT. Alle Modelle entstanden im Maßstab 1:10 aus Aluminium. Das Gewicht eines jeden Fahrzeuges ohne RC-Anlage liegt bei ca. 15 kg; mit vollständiger Ausrüstung wie Antrieb, Getriebe, Fahrakkus und RC-Anlage bringen die einzelnen Modelle ca. 40 kg auf die Waage. Der BERGEPANTHER wurde im Gußverfahren ganz aus Metall in einer Bauzeit von ca. 6 Monaten fertiggestellt. Als Bauunterlagen für seine Modelle dienten Herrn Wittgrebe Pläne von Spielberger und Fotos sowie Bücher aus dem 2. Weltkrieg.

Seine großen Erfahrungen auf dem Gebiet des Panzermodellbaus haben dazu geführt, daß er eine Firma gegründet hat, in der er Fertigmodelle im Maßstab 1:10 herstellt und für einen äußerst günstigen Preis anbietet.

Die Modelle sind industriemäßig gefertigt, was die Fotos beweisen, ein Modell gleicht dem anderen. Die Wannen bestehen aus einem Guß, sie werden parallel gefräst und anschließend auf einem Bohrwerk exakt gebohrt. Parallelität der Antriebsräder bzw. Laufräder ist somit gewährleistet. Eine Besonderheit ist die von außen über einen Exzenter zu spannende Kette.

Als erstes Modell war der TIGER I E im Maßstab 1:10 lieferbar: Das Fahrzeug ist in Ganzmetallbauweise ausgeführt. Die Wanne wird aus sieben Teilen zusammengeschraubt, der Turm sowie die Kanonenblenden sind aus einem Guß hergestellt. Das Geschützrohr ist aus einem dickwandigen Aluminiumrohr gedreht. Die ca. 180 Kettenglieder werden aus einer Aluminiumkokille gegossen. Die Ketten sind fertig gebohrt und verstiftet. Die Laufrollen sind im Sandguß gegossen und auf der Drehbank abgedreht. Die Drehstabfederung besteht aus VA-Stahldraht.

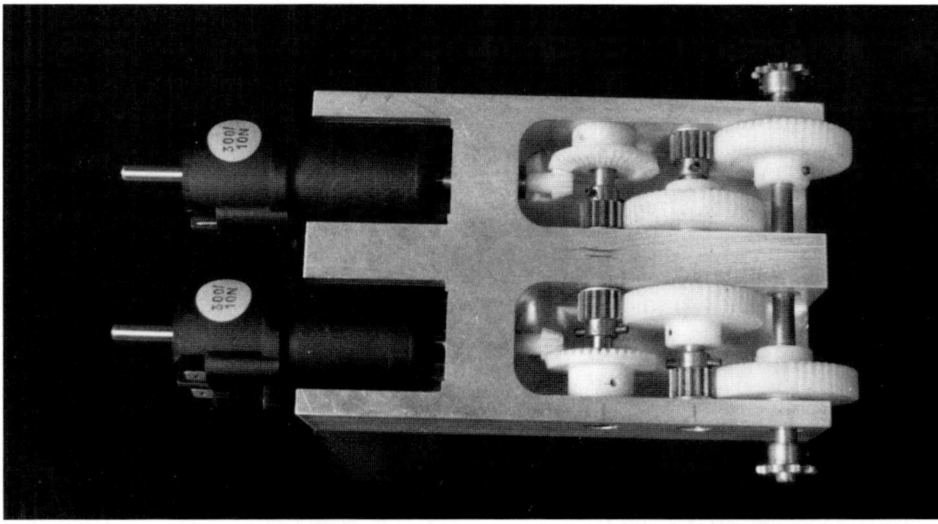

Getriebe für Panzermodelle im Maßstab 1:10, entwickelt von Herrn Wittgrebe

TIGER-Modell mit Besatzung, Frontansicht

TIGER I E im Maßstab 1:10 aus der Produktion der Firma Wittgrebe, Modell unlackiert

Funktionen am Modell:
- bewegliches Bug-MG
- bewegliches Fahrer-Panzerschott (Sichtblende)
- Turmdrehung um 360 Grad
- Kanone heben/senken
- Turmluken zum Öffnen
- Einstellbare Drehstabfederung
- Kettenspannung von außen

Als Zubehör wird mitgeliefert:

1 Schippe, 1 Spaten, 1 Bolzenschneider, 1 Hammer, 1 Axt, 1 Feuerlöscher, 2 Abschleppseile, 4 Schäkel sowie 1 Wagenheber.

Das Modell wird in einer fertig zusammengebauten Grundversion geliefert, d. h., die Ketten gleiten über das Laufwerk, der Turm läßt sich drehen, die Kanone heben und senken und die Luken sind zu öffnen.

Bei RC-Betrieb sind folgende Funktionen möglich:
- Fahrt vor- und rückwärts
- steuern nach links und rechts
- Kanone heben und senken
- Turmdrehen um 360 Grad

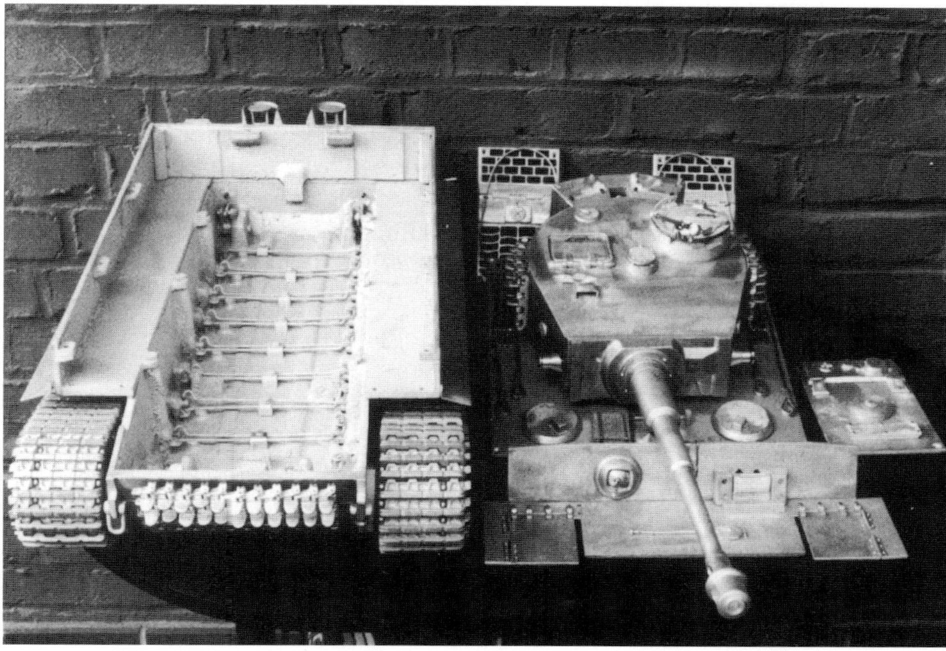

TIGER I E, Oberteil abgenommen, Blick in die Wanne

Das fertig bemalte TIGER I E-Modell ist im Gelände kaum vom Original zu unterscheiden

Zubehör:

Der Getriebekasten wird aus einem Aluminiumblock herausgefräst, wodurch eine sehr hohe Maßgenauigkeit erzielt wird. Die Wellen laufen in Sinterbronzelagern, die Zahnräder bestehen aus Metall und Azetalharz. Als Antriebsmotoren werden zwei MARX GT 300-Motoren verwendet. Diese Hochleistungsmotoren der Neodym-Klasse zeichnen sich durch einen sehr hohen Wirkungsgrad und eine geringe Stromaufnahme aus.

Getriebedaten:	Gewicht 2,4 kg, Höhe 48 mm, Breite 120 mm, Länge 230 mm
Untersetzung:	1,43:1 je Getriebeseite
Durchmesser der Wellen:	8 mm

Abmessungen des fertigen Modells TIGER im Maßstab 1:10:

Länge ohne Kanone:	628 mm
Breite:	370 mm
Höhe:	300 mm
Gewicht:	20 kg

Als nächstes Modell folgt der STURMTIGER im Maßstab 1:10. Weitere Modelle wie der JAGDTIGER, KÖNIGSTIGER und das Halbkettenfahrzeug 251 sollen in Zukunft gebaut werden.

Herr **Reinhard Papenfuß, Frühlingsstraße 32, aus 85207 Dachau,** baut seit einigen Jahren an zwei KÖNIGSTIGER-Modellen im Maßstab 1:6,66. Hier sein Baubericht:

„Nachdem ich viele Jahre lang Militärmodelle aus Plastik gebaut hatte, beschloß ich, mich einmal an einem Metallmodell zu versuchen. Ich wählte den KÖNIGSTIGER im Maßstab 1:10. Vom Bundesmilitärarchiv bekam ich Übersichtszeichnungen, fehlende Maße holte ich mir von den noch in Europa verbliebenen Originalen.

Obwohl ich Wanne, Turm und Laufwerk weitgehend fertiggestellt hatte, brach ich den Nachbau ab, da ich die Kettenglieder nicht in der gewünschten Genauigkeit gießen lassen konnte. Notgedrungen begann ich größer zu bauen, so entstand der Maßstab von 1:6,66. Glücklicherweise konnte ich eine Originalkette „meines" Panzers erwerben. Damals wurde ich von einem Bekannten gefragt, ob ich nicht gleichzeitig ein zweites Modell für ihn bauen möchte. Ich sagte zu und rechnete damals mit einer Bauzeit von zwei bis drei Jahren. Es sollte jedoch anders kommen.

Modell KÖNIGSTIGER im Maßstab 1:6,66 von Herrn Papenfuß im Bau

Voller Begeisterung machte ich mich ans Werk. Ausgerüstet war ich mit einer Drehbank und einer kleinen Bohr-/Fräsmaschine der Firma EMCO. Technische Ausbildung hatte ich keine, mein Wissen bezog ich aus einer „Anleitung für Hilfsdreher“ aus dem Jahre 1944 und einigen Ratschlägen meines Onkels. Aus Erfahrung klug geworden, begann ich zunächst mit den Kettengliedern. Das Urmodell mit Zähnen wurde aus 32 verschiedenen Messingteilen, das Zwischenglied aus 15 Teilen zusammengelötet und danach von einer Gießerei in jeweils 200 Exemplaren aus zäher (abriebfester) Bronze gegossen. Danach mußte jedes Glied geradegebogen, entgratet und gebohrt werden. Hierfür wurden zwei Bohrlehren benötigt. Die Kettenbolzen ließ ich von einer Fachfirma anfertigen, die Sicherungsringe drehte ich selbst. Beide Ketten, einschließlich der Reservekettenglieder am Turm, wiegen zusammen 25,5 kg. Die Treibradkörper wurden aus einem gedrehten und einem aus Bronze gegossenem fünfspeichigen Teil mit Hartlot verlötet. Die Zahnkranzschablone stellte ich mittels Laserschnitt her, die Werkstücke selbst wurden aus Werkzeugstahl im spanabhebenden Verfahren bearbeitet und anschließend gehärtet. Die Hutschrauben entstanden aus Sechskantmaterial.

Zur Herstellung des Leitrades fertigte ich drei verschiedene Profilringe aus Hart-PVC an, davon wurden Abgüsse aus Bronze hergestellt. Die Ringe wurden mit dem Hauptkörper aus Messing verlötet. Ursprünglich wollte ich die Laufrollen originalgetreu nachbauen und hatte dafür bereits die entsprechenden Scheiben drücken lassen. Da ich befürchtete, daß die maßstabsgerechten Schrauben, mit denen die Scheiben verbunden sind, der zu erwartenden Fahrbelastung nicht standhalten würden, fertigte ich je ein Urmodell von Laufrolle, Nabe und Nabenkappe an und ließ alles aus Aluminium gießen. Nach längerer Suche fand ich die Schrauben nebst Muttern mit passender Schlüsselweite. Diese sicherte ich mit Sicherungsblechen, die genauso wie die Sicherungen für Treib- und Leitrad sowie Wartungsdeckel am Fahrzeugheck aus Messingblech geätzt waren. Auch die Schmiernippel an den Kappen bildete ich nach.

Die Wanne des KÖNIGSTIGER im Bau (oben) und fertig (unten)

Modell-KÖNIGSTIGER im M 1:6,66. Oben die beiden Türme, unten Blick auf den Heckteil des Modells

Aus Stabilitätsgründen fertigte ich die Unterwanne aus 5 mm starkem Eisenblech und die Seitenteile der Oberwanne aus 2-mm-Eisenblech an. Die obere Front, das Heck und die Wannendecke entstanden aus 5 mm starken Aluminiumblechen. Die Schweißarbeiten machten ein stabiles und aufwendig gearbeitetes Holzgerüst notwendig, an dem die Einzelteile befestigt waren. In die obere Front ließ ich die halbkugelförmige MG-Blende ein, das MG selbst entstand aus Messing und ist in

Blick auf die Rückseite des KÖNIGSTIGER-Modells von Herrn Papenfuß

einer Kugel drehbar gelagert. Den Scheinwerferfuß goß ich aus Reinzinn, der Scheinwerfer entstand aus Aluminium, die Abdeckkappe zog ich aus Plastikfolie tief. Die Lukendeckel für Fahrer und Funker lassen sich nach vorherigem Anheben aufschwenken, die Verriegelung baute ich nach. Sicherungen halten die geöffneten Deckel fest. Sowohl für den Fahrer als auch für den Funker baute ich die Winkelspiegel nach.

Nach dem Bau der Urmodelle von Rund- und Rechteckgrätings aus Hart-PVC wurden diese aus Aluminium gegossen. Der Motordeckel wurde mit Scharnieren, den beiden halbkugelförmigen Lüfterhutzen und drei Verriegelungen versehen. Die Deckel von Wasser- und Kraftstoffeinfüllstutzen lassen sich mittels Vierkantschlüssel öffnen. Die Auspuffkrümmer stellten wegen ihrer komplizierten Form hohe Anforderungen an mein Geschick. Sie wurden genau so wie deren Panzerschutz gegossen. Die Endrohre bog ich aus Kupferrohr. Alle Anbauteile am Heck sind an Stehbolzen befestigt. Dies sind der Deckel für den Schwungkraftanlasser, den Benzinanlasser und die Anheizvorrichtung. Nach dem Abnehmen der Deckel für die Leitradverstellung kann die Leitradkurbel mit Hilfe eines Sechskantschlüssels bewegt werden.

In vorbildgetreu nachgebauten Halterungen wurden Vorschlaghammer, Axt, Bolzenschneider und Feuerlöscher auf der Wannendecke, Schaufel, Andrehkurbel, Brechstange und Seil zum Kettenaufziehen an den Wannenseiten sowie die Winde mit Holzunterlage und C-Haken am Heck befestigt. Für einige der Halterungen ließ ich mir kleine Flügelmuttern gießen. Vier extra angefertigte Schäkel vervollständigen die Ausrüstung.

Da ich lange Zeit nicht wußte, wie schwer Wanne, Turm und Antrieb werden würden, beschloß ich, Druckfedern anstelle von Drehstabfedern einzubauen. Deren Federwirkung kann ich durch Beilegen von Scheiben, Verkürzen der Feder oder

Das fertige Modell KÖNIGSTIGER im M 1:6,66 von Herrn Papenfuß

kompletten Austausch verändern. Die ersten beiden Schwingarme sind mit Doppelstoßdämpfern versehen und genau wie die beiden letzten verstärkt ausgeführt. Ich habe vorgesehen, daß nach dem Lösen der sechs Schrauben, Trennen der Ölzufuhr zu den Hydraulikmotoren und Abklemmen der Auspuffrohre, der Wannenboden mitsamt den Antriebselementen herausgenommen werden kann. Ketten-, Treib- und Leitradabdeckbleche, letztere aufklappbar, vervollständigen die Wanne.

Den Turm baute ich zunächst aus Sperrholz. Darüber modellierte ich eine Art „Haut" aus Holzfurnier und glasfaserverstärktem Kunststoff. Diese „Haut" hob ich nun vom Kern ab und ließ mir das Gehäuse in Sandguß gießen. Danach arbeitete ich die Durchbrüche für Kommandantenkuppel, Ladeschützenluke, Lüfter, Hülsenauswurf und Heckluke ein. Sowohl der Ladeschützen- als auch der hintere Heckdeckel sind mit vorbildgetreuen Verriegelungen versehen und können federunterstützt geöffnet werden. In die Kommandantenkuppel habe ich Winkelspiegelattrappen eingebaut, auf dem Ring befindet sich eine Fla-MG-Lafette. Die Kanone wird über ein Spindelgetriebe gerichtet, der Turm mittels eines stark untersetzten Elektromotors gedreht. Er ruht auf einem groß dimensionierten Radiallager. Das Antriebskonzept habe ich noch nicht verwirklicht. Es sieht folgendes vor: Ein Verbrennungsmotor treibt über eine Rutschkupplung zwei Ölpumpen an. Die Ölströme werden in zwei Ventilblöcken umgelenkt und gelangen schließlich zu zwei Ölmotoren. Jeder dieser Motoren treibt über eine Untersetzung aus bereits eingangs erwähnten und gefertigten schrägverzahnten Stirnrädern eine Kette an. Berechnungen ergaben, daß ich die zur elektrischen Steuerung der Ventile benötigten Akkus sowie eine Schießvorrichtung im Turm unterbringen kann. Allerdings wird es noch vielfacher Versuche bedürfen, die Ventilsteuerung elektronisch zu regeln.

Wenn ich heute auf rund 14 Jahre Bauzeit zurückblicke, freue ich mich natürlich über meine beiden Modelle. In all den Jahren habe ich technisch viel dazugelernt. Allerdings würde ich heute vieles anders machen. Vor allem würde ich versuchen, leichter zu bauen. In den letzten Jahren benötigte ich immer wieder Bauphasen, um mich erneut auf den Weiterbau zu konzentrieren. Auch der Ärger über mißglückte Teile oder Reibereien mit Gießereien warfen mich zurück. Mein damals gestecktes Ziel, täglich zwei Stunden zu arbeiten, ließ sich nur anfangs verwirklichen. Ich erkannte auch, daß es mehr bedurfte, als nur ein Fahrzeug im verkleinerten Maßstab nachzubauen. Ohne gute Ratschläge von Spezialisten und ohne finanzielle Unterstützung meines Auftraggebers, wäre diese Aufgabe nicht zu verwirklichen gewesen."

Abmessungen des Modells KÖNIGSTIGER von Herrn Papenfuß:

Länge: 154 cm, Breite: 57 cm, Höhe: 46,5 cm;

Gewicht ohne Antrieb: 100 kg.

Herr **Claus-Peter Riedel, Hindenburgstraße 106, 71640 Ludwigsburg,** schrieb mir, daß er u. a. ein TIGER I-Panzermodell im Maßstab 1:5 gebaut hat. Dies ist demnach das größte TIGER-Modell, das in diesem Buch beschrieben wird. Hier der Bericht von Herrn Riedel.

„Schon in jungen Jahren interessierte ich mich für die außerordentlichen Leistungen und die Bewaffnung der ehemaligen deutschen Panzertruppe. Besonders angetan hat es mir der zur Legende gewordene TIGER I, der zwar aufgrund seines hohen Gewichtes und seiner geringen Motorleistung, im Gegensatz zu modernen Kampfpanzern, wohl eine recht müde Raubkatze war. Durch seine 8,8-cm-KW-Kanone war er jedoch eine äußerst gefürchtete Waffe.

Wie bei vielen Modellbaukollegen, so hat es auch bei mir mit dem Bau eines Plastikmodells begonnen, einem Tamiya-TIGER im Maßstab 1:25, der jedoch aufgrund seiner Größe für den Fernlenkbetrieb völlig ungeeignet war. Dieses Modell sollte sich jedoch in späteren Jahren noch als sehr nützlich erweisen, um Maßangaben und Aufschluß über andere Einzelheiten zu bekommen.

Als erstes Ganzmetallmodell entstand nach meiner Mechanikerausbildung zunächst kein TIGER, sondern der in nur 27 Exemplaren gefertigte 38 cm-Raketenwerfer STURMTIGER im Maßstab 1:10. Er entstand in einer Bauzeit von ca. einem Jahr, vorwiegend aus Industrieabfällen. Sein Gesamtgewicht beträgt 35 kg. Wanne und Aufbau sind aus 1,5- bis 2-mm-Stahlblech gefertigt. Das Laufwerk besteht aus gedrehten Alu-Rädern, die kugelgelagert über 1,5-mm-Federstahlstreifen gefedert sind. Die Kettenglieder wurden zu je vier Stück in einer Kautschukform unter Verwendung von Einlegestiften aus einer Zinklegierung so gegossen, daß die einzelnen Glieder zur Kette montiert werden können, ohne daß sie nach dem Guß noch mechanisch bearbeitet werden mußten.

Der Antrieb (mit Geräuschgenerator) erfolgt über zwei Faulhaber-Glockenankermotoren, die mit einem Vorsatzgetriebe mit einer Untersetzung von 29:1 bei 12 Volt Spannung und geringer Stromaufnahme einen recht hohen Wirkungsgrad erzielen. Die Waffenanlage aus Aluminium mit Schiebeblockverschluß (Einzellader) ist mit 12/70 Knallpatronen funktionsfähig. Unter Verwendung einer zusätzlichen Kalk/Kreide-Ladung läßt sich der optische Effekt noch verstärken.

Mein erstes TIGER-Modell entstand erst, nachdem ich ein mindestens fünfzehn Jahre altes, in vielen Betriebsstunden heruntergewirtschaftetes TIGER I-Modell im Maßstab 1:10 erwerben konnte. Ich habe das Fahrzeug zerlegt, von Grund auf

STURMTIGER von Herrn Riedel im Maßstab 1:10

Ein Blick in die Wanne des STURMTIGER

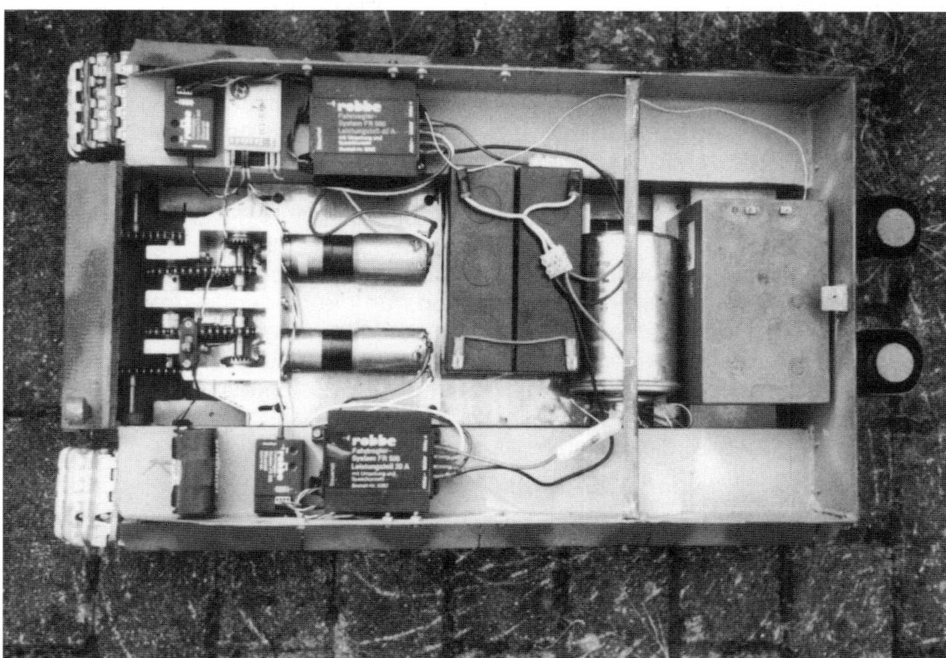

TIGER I im Maßstab 1:5 von Herrn Riedel

neu aufgebaut und mit eigenen, vom Hersteller unbeachtet gelassenen Funktionen zusätzlich ausgerüstet. So ist jetzt das Bug-MG in einer Kugelblende drehbar gelagert, die Kanone durch den Einbau einer sechsschüssigen 8-mm-Gassignalwaffe schießfähig, das Rohr mit einem automatischen Rücklauf versehen und der Turm hat eine eigene Stromversorgung.

Da ich mich jedoch immer wieder über den in Fahrzeugen im Maßstab 1:10 geringen zur Verfügung stehenden Platz ärgerte und versuchsweise die Möglichkeit eines Antriebes mittels Benzin-Hydraulik realisieren wollte, entschloß ich mich, ein Panzermodell im Maßstab 1:5 zu bauen. So entstand in ca. 3 $^1/_2$ Jahren Bauzeit mein TIGER I mit 140 kg „Lebendgewicht"!

Bei einem Fahrzeug dieser Größe war die Materialbeschaffung ein Problem, das nicht mehr durch die Verwendung von Industrieabfällen gelöst werden konnte. So mußte ich von Anfang an Material, vorwiegend Aluminium dazukaufen. Die Aufwendungen für die Hydraulik ließen dann die Kosten vollends explodieren. Der Antrieb des Modells besteht aus einem luft-/wassergekühlten 98 cm^3 2-Takt-Solo-Rasenmähermotor mit einer Leistung von 2,65 kW (3,6 PS), an dem direkt über Zahnriemen eine Bosch-Hydraulikpumpe angeschlossen ist. Über zwei durch Servos betätigte Ventilblöcke, einer für das jeweilige Abbremsen der Ketten, der andere für die Fahrtrichtung, können nun die beiden Hydromotoren angesteuert werden, die über je ein Schneckengetriebe mit einer Untersetzung von 20,5:1 auf die Antriebsräder wirken. Durch diese Steuerung geht die Kraft der abgebremsten Kette bei Lenkmanövern voll auf die jeweils angetriebene Kette über. Mit dieser Untersetzung ist die Geschwindigkeit von ca. 5–6 km/h zwar nicht sehr hoch, dagegen ist die Steigfähigkeit enorm.

Durch Verschrauben von jeweils zwei Transportketten mit Segmenten aus Alu-Guß entstanden die ca. 160 mm breiten Gleisketten. Diese Technik erwies sich als sehr robust und verschleißarm, wodurch allerdings die Optik etwas leidet.

Die Wanne, aus 4 bis 10 mm starken Aluplatten verschweißt, ruht auf dem gleichen, wie oben beim STURMTIGER erwähnten Fahrwerksystem, nur eben stärker dimensioniert. Die Laufrollen bestehen aus tiefgezogenen Stahlscheiben. Turm und Waffenanlage, ebenfalls aus Alu hergestellt, wiegen alleine 30 kg, besitzen eine eigene Stromversorgung (6 bzw. 12 Volt) und sind durch einen zweiten Empfänger eine eigenständige Einheit. Die Akkublöcke im Turmheck dienen als Gegengewicht zur KW-Kanone. Alle Turmfunktionen wie Abfeuern, automatisches Nachladen und das Rohrhebewerk werden von Scheibenwischer- oder Planetengetriebemotoren ausgeführt.

Nach dem Bau des TIGER im Maßstab 1:5 entschloß ich mich, einen Exoten in Angriff zu nehmen. So entstand in einer Bauzeit von einem Jahr das 15 cm Sturm-Infanterie-Geschütz SIG 33. Das Modell entstand ebenfalls im Maßstab 1:5 unter Berücksichtigung der Erfahrungen, die ich beim Bau des TIGER gemacht hatte. Dieses Modell ist leichter und einfacher aufgebaut, die Materialstärke der für die Wanne und den Kastenaufbau verwendeten Alu-Platten liegt zwischen 2 und 4 mm. Die Kettenbleche vorn und hinten sowie die Luftansaugschächte sind in 1-mm-Stahlblech ausgeführt. Sämtliche Verbindungen zwischen Wanne und Aufbau wurden geschraubt. Die einzigen geschweißten Teile sind die hinteren Leiträder. Die Schwingarme sind über Gleitlagerungen mit der Wanne verbunden, die Federung erfolgt über Federstahlstreifen. Die Ketten wurden nach dem gleichen Prinzip aufgebaut wie die des TIGER und erreichen durch Verwendung schmalerer Mittelsegmente die erforderliche Breite von 80 mm.

15 cm-Sturm-Infanterie-Geschütz SIG 33 von Herrn Riedel

KÖNIGSTIGER im Maßstab 1:16

Außer den beiden im Herstellerverzeichnis erwähnten Panzermodellen LEOPARD 1A4 und GEPARD im Maßstab 1:16 hat die Firma Tamiya nun auch eine neue Version des KÖNIGSTIGER im selben Maßstab herausgebracht.

Außer den Fernsteuerungskomponenten ist im Baukasten alles vorhanden, was zum Bau des Modells erforderlich ist. Das Getriebe mit dem Motor ist als kompakte Einheit fertig aufgebaut, es fällt auf, daß für den Antrieb nur ein Elektromotor verwendet wird. Dieser arbeitet über ein spezielles Getriebe auf beide Ketten, die wechselseitig über eine Spezialkupplung ausgekuppelt werden können. Diese Kupplung wird von einem Servo betätigt. Bei einem Linkskommando wird die linke, beim Rechtskommando die rechte Kupplung betätigt, so daß in dem einen Fall die linke und im anderen Fall die rechte Kette zum Stehen kommt. Der Motor läuft dabei natürlich weiter.

Beim Bau müssen zunächst die 18 Schwingarmgehäuse und die beiden Drehstablagerplatten in die Wanne eingebaut werden. Ist das geschehen, sind die Drehstäbe und Schwingarme einzusetzen, dabei ist auf die richtige Lage der Schwingarme zu achten: Auf der linken Seite der Wanne zeigen sie nach vorne, auf der rechten nach hinten. Der Zusammenbau des Kupplungsgehäuses und der Aufbau auf dem Getriebegehäuse erfolgt genau nach der Zeichnung in der Bauanleitung. Bevor anschließend das Getriebe mit der Kupplung in die Wanne eingebaut wird, sind die beiden Antriebsachsen vom Getriebe zu lösen und nach dem Einbau wieder festzuschrauben, da das Getriebe sonst nicht in die Wanne eingesetzt werden kann.

Alle Einzelteile zum Bau des KÖNIGSTIGER

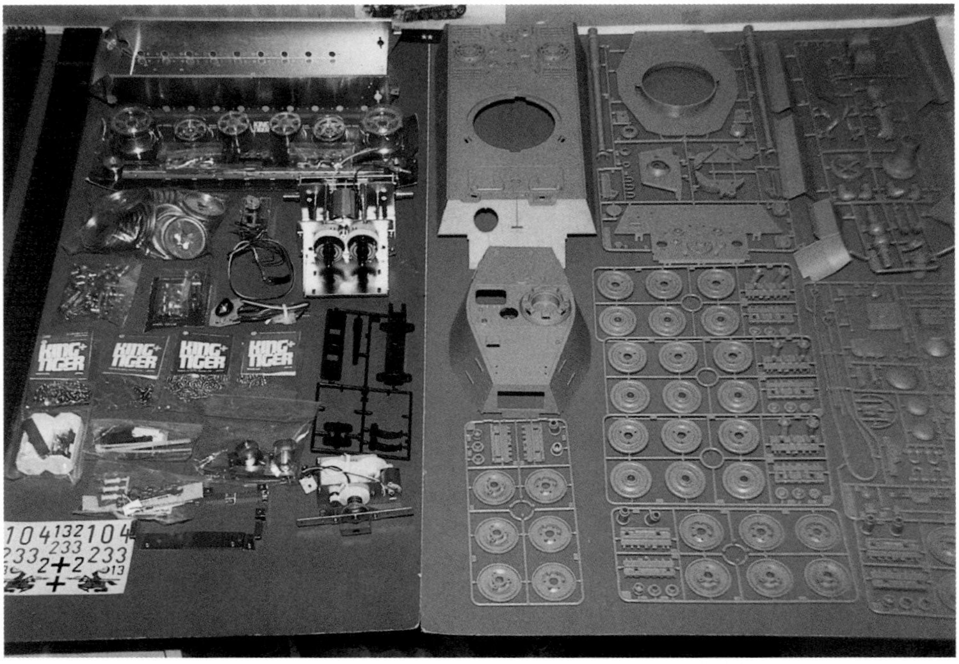

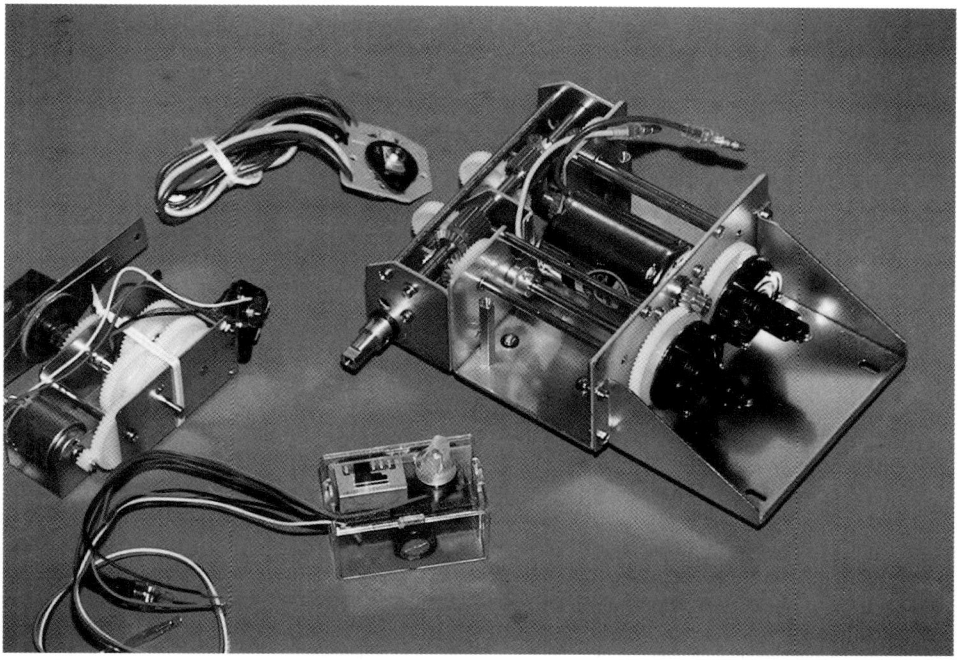

Getriebe mit Motor und Kupplungen, Turmdrehgetriebe, mechanischer Fahrtregler und Elektronikbaustein für Mündungsfeuer

Einbau der Schwingarme mit den Drehstäben, des Getriebes mit dem Kupplungsgehäuse, des Turmdrehgetriebes und Zusammenbau der Lauf-, Antriebs- und Spannräder

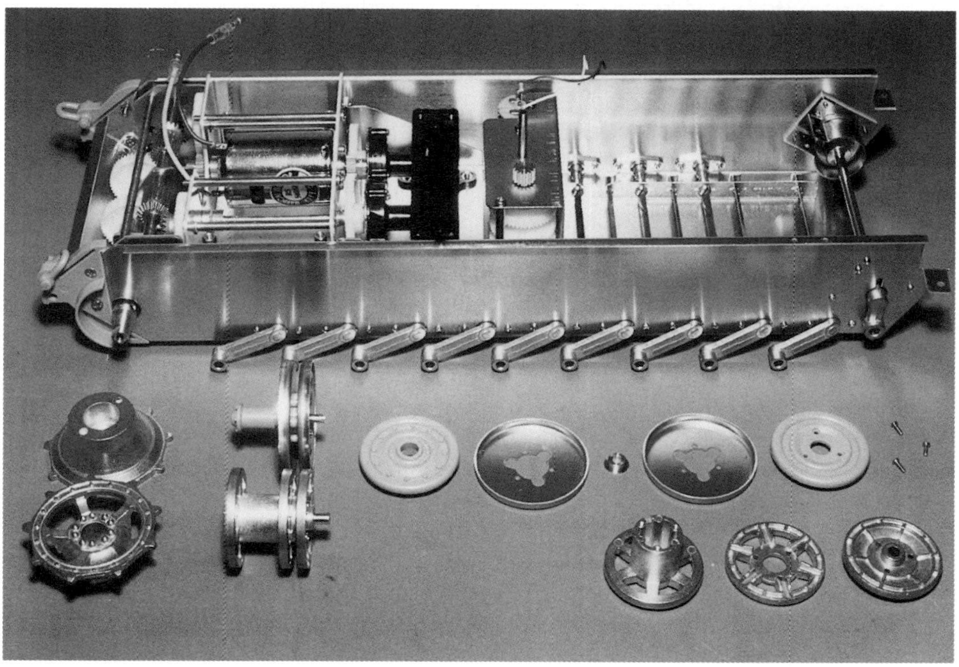

Einbau der Spannräder und der Wannenrückwand

Genau hinsehen und aufpassen muß man beim Einbau der beiden Spannräder im Hinterteil der Wanne. Besonders wichtig ist das richtige Einlegen der Druckfedern in die Spannräder, davon hängt später das richtige Funktionieren ab. Nach dem Einstecken der Schwingarme in die Spannräder müssen diese nach oben federn, wenn sie nach unten gedrückt werden. Sie sorgen später dafür, daß die Spannräder die Ketten richtig spannen. Beide Spannlager sind einzusetzen und durch die Spannschraube fest zusammen zu pressen.

Spätestens jetzt kommt der Zeitpunkt, an dem man sich entscheiden muß, welche Art Fernsteueranlage ins Modell eingebaut werden soll. Will man nur schnell und langsam voraus, rückwärts und nach rechts und links fahren, so genügt eine einfache 2-Kanal-Anlage. Soll der Turm über die Fernsteuerung drehbar sein, wird ein dritter Kanal benötigt, und wenn auch das Mündungsfeuer sichtbar sein soll (für die Betätigung des dem Kasten bauliegenden Elektronikbausteins), ist ein vierter Kanal erforderlich.

Das Turmdrehgetriebe wird von einem kleinen Elektromotor angetrieben, der bereits am Gehäuse angebaut ist. Das Getriebe wird zusammen mit dem Turmgetriebelager in die Wanne eingebaut, das offene Heck der Wanne durch die Heckplatte abgeschlossen. Nach der Bauanleitung sind die Einzelteile daran zu befestigen bzw. anzukleben. Anschließend ist noch der Blechhalter für das Oberteil in die Wanne einzuschrauben.

Nun können wir uns den Zusammenbau der Laufräder, Antriebs- und Spannräder zuwenden. Zu beachten ist bei den Laufrädern, daß bei der Montage der Blechradteile zwischen beiden Scheiben ein Zwischenraum von etwas 3 mm bleiben muß, da dort die Führungszapfen der Ketten eingreifen. Das ist sehr wichtig, da man die Laufräder auch so montieren kann, daß kein Zwischenraum verbleibt und sich die Blechteile berühren. Dies wäre falsch.

Der Zusammenbau des Oberteils und des Turmes erfolgt genau nach Bauanleitung, im Turm wird der Elektronikbaustein für das Mündungsfeuer eingebaut. Eine elektronische Schaltung erzeugt einen Stroboskopblitz. Die Schaltung ist in einem durchsichtigen Platikgehäuse eingebaut, das mittels Doppelklebeband im Inneren des Turms befestigt wird. Mit dem Potentiometer kann die Blitzfolgezeit eingestellt werden, und über einen Schiebeschalter kann entweder automatisches Feuer oder Einzelfeuer voreingestellt werden. Die Stromversorgung der Blitzschaltung erfolgt aus zwei Batterien (Baby-Zellen), die in eine Halterung gelegt werden, die ebenfalls mittels Doppelklebeband an der Turminnenseite befestigt ist.

Die Turmdrehvorrichtung ist an der Turmgrundplatte festzuschrauben. Nach dem Festkleben aller Einzelteile auf der Turmoberseite können die Ketten aufgezogen werden. Arbeiten die Spannräder einwandfrei, so lassen sich die Ketten mit etwas Geschick gut aufziehen. Dabei ist darauf zu achten, daß die viereckigen Ausschnitte, in die das Kettenrad (Antriebsrad) greifen soll, richtig zu liegen kommen. Betrachtet man die Kette von oben, so ist erkennbar, daß diese Ausschnitte nicht gleichmäßig zu den beiden Kettenräder hin liegen. Vor dem Aufziehen ist die Kette so hinzulegen, daß die Ausschnittreihe, die etwa 7 mm vom Kettenrand entfernt ist, nach innen, also zur Wanne hin zu liegen kommt. Achtet man nicht darauf und wird die Kette umgekehrt wie eben beschrieben aufgezogen, reibt sie an der Wanne, wodurch der Motor unter Umständen überlastet werden kann.

Nun verbleibt nur noch der Einbau der Fernsteueranlage. Das Lenkservo für die Betätigung der Getriebekupplung wird links vorne neben dem Motor auf der Getriebegrundplatte angeschraubt. Zwei Distanzstücke zur Aufnahme des Servos sind bereits werksseitig montiert. Der mechanische Drehzahlsteller zusammen mit dem Servo wird links hinter dem Turmdrehgetriebe und der Empfänger gegenüber auf der rechten Seite der Wanne mittels Doppelklebeband an den Wannenseitenblechen angeklebt. Der Belastungswiderstand hat seinen Platz an der Halterung für das Oberteil. Die Empfängerbatterie wird links im Heck der Wanne, die Fahrbatterie in der Mitte eingelegt.

Blick in die Wanne bei abgenommenem Oberteil

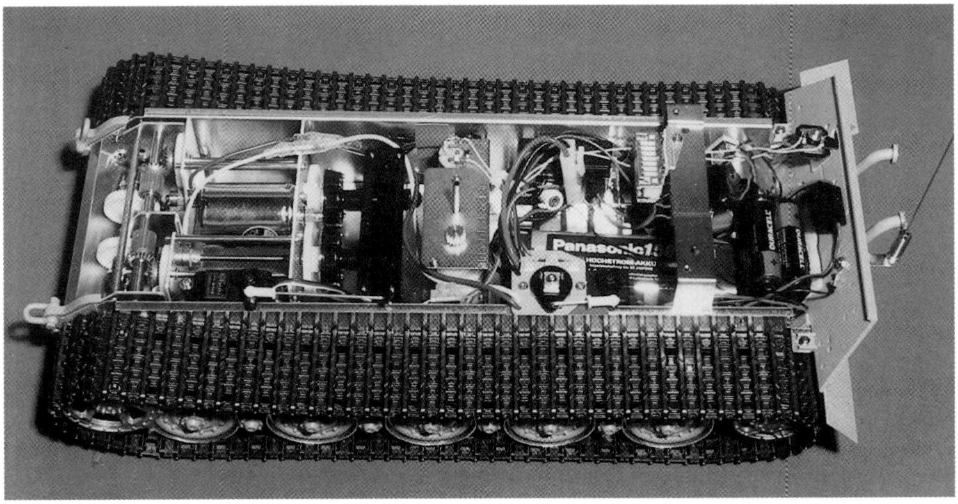

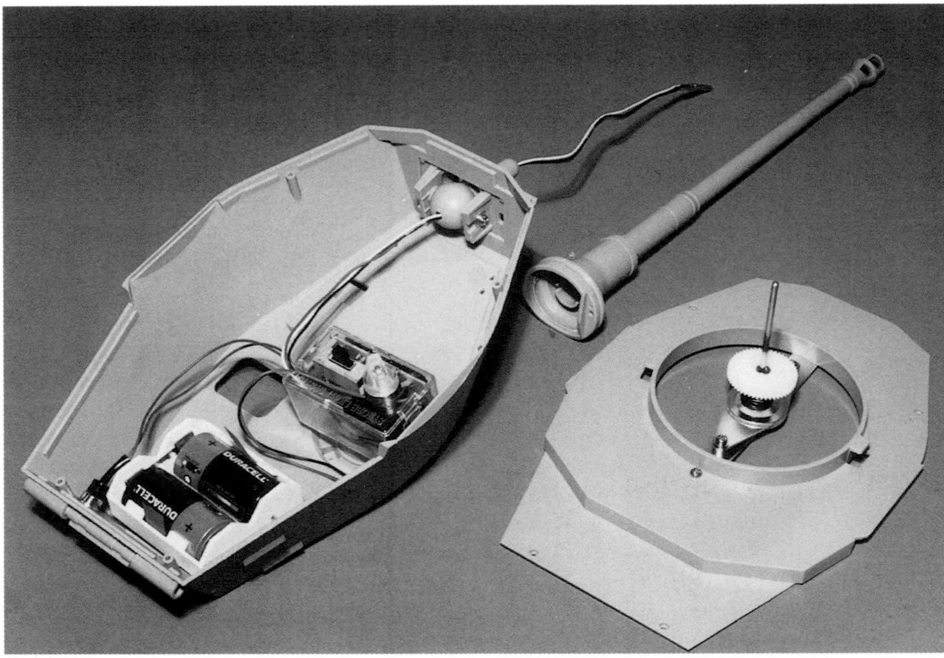

Einbau der Elektronik für das Mündungsfeuer

Der fertige KÖNIGSTIGER mit Tarnanstrich

Um die Funktionen besser kennenzulernen, ist es ratsam, das Modell vor der ersten Fahrt so aufzubocken, daß die Ketten frei laufen können. Lassen sich die Ketten bei den entsprechenden Kommandos wechselseitig abstellen und funktioniert auch sonst alles, kann es anschließend ins Gelände gehen. Hier kann kaum ein Hindernis dem KÖNIGSTIGER den Weg versperren, nicht geeignet zum Fahren sind allerdings hohes Gras und körniger Sand, der sich zwischen Ketten und Antriebsräder setzen könnte.

Abmessungen des Modells
Länge (Wanne): 460 mm
Breite: 230 mm
Höhe: 200 mm

7.4 PANTHER, JAGDPANTHER, BERGEPANTHER, HETZER, ELEFANT

Der PANTHER, auch als Panzerkampfwagen V bezeichnet, war eine Weiterentwicklung des Panzerkampfwagen IV. Die Entwürfe wurden im April 1942 vorgelegt und die ersten Erprobungsmuster im September ausgeliefert. Trotz der Leistungsfähigkeit des Prototyps wurden viele Änderungswünsche vorgetragen. Im Januar 1943 stand das erste Serienfahrzeug zur Verfügung. Ziel war es, 600 PANTHER im Monat zu bauen, doch es gab viele Schwierigkeiten mit dem Motor und dem Getriebe, die beide wegen des hohen Gewichtes überlastet waren. Der erste Einsatz des PANTHER erfolgte auf Befehl Hitlers im Juli 1943 bei Kursk. Dies erwies sich als Fehler, die meisten Panzer gingen hierbei verloren.

Panzerkampfwagen V, PANTHER, Ausführung A

JAGDPANTHER

Die Wanne des PANTHER entsprach weitgehend der Standardform, der Turm war stark abgeschrägt und nach innen geneigt. Der Kommandant stand in der Kuppel, für den Fahrer war ein Periskop vorgesehen. Die überlappenden, durch Drehstäbe abgefederten Laufräder verliehen dem PANTHER die besten Laufeigenschaften von allen deutschen Panzern während des 2. Weltkrieges. Wenn allerdings Schnee zwischen die Laufrollen kam und anschließend gefror, waren die Laufrollen blockiert, was im Winter in Rußland sehr häufig vorkam. Die Geschosse der langen 7,5 cm-Kanone durchschlugen auf 1000 Meter Entfernung Panzerungen bis 120 mm Stärke. Dadurch konnte der PANTHER auf weite Entfernungen alliierte Panzer angreifen, ohne selbst Schaden zu nehmen. Bis zum Kriegsende wurden 3000 PANTHER gebaut.

Für den JAGDPANTHER wurde das Fahrwerk, das Antriebssystem und der untere Teil der Wanne übernommen, nur der Aufbau wurde neu gestaltet. Die lange 8,8 cm-Kanone reichte durch den gesamten Innenraum. Ihr Schwenkbereich betrug nur 11° nach jeder Seite, die Höhenverstellung war auf 14° begrenzt. Um die Herstellung zu vereinfachen, wurde die Frontplatte bis zum Dach hochgezogen. Der erste Prototyp des JAGDPANTHER stand am 20. Oktober 1943 zur Verfügung, die ersten Auslieferungen an die Truppe erfolgten im Februar 1944. Bis zum Kriegsende wurden 382 Stück gebaut. Während der Produktion wurden kleine Änderungen vorgenommen. Mit Ausnahme der ersten Modelle erhielten alle anderen JAGDPANTHER ein zweiteiliges Kanonenrohr, wodurch der stärker beanspruchte Teil leichter ausgewechselt werden konnte. Für den Einsatz wurden spezielle Panzerjagdkommandos aufgestellt, die meistens direkt dem Armeebefehlshaber unterstellt waren. Ein Jagdpanzerbataillon bestand aus 30 JAGDPANTHER. Diese Stückzahlen wurden jedoch selten erzielt. Nachteilig wirkte sich das komplizierte Laufwerk aus: Ein gut gezielter Schuß konnte den Panzer unbeweglich und dadurch für den Gegner zum leichten Ziel machen, wenn er sich von der Seite her näherte.

Modell-PANTHER im Maßstab 1:10 mit vielen Details

Modell-JAGDPANTHER im Maßstab 1:10, Turmaufbau mit vielen Details

Modell-JAGDPANTHER in Fahrt

JAGDPANTHER im Maßstab 1:10

TIGER I im Maßstab 1:10

Während des Krieges erkannte man die Notwendigkeit für ein schweres Bergegerät, da die Kampfpanzer immer größer und schwerer wurden. Die am Anfang des Krieges für Bergezwecke eingesetzten 18 t-Zugmaschinen reichten nicht mehr aus. Der BERGEPANTHER sollte Abhilfe schaffen. Er entsprach der Bauweise des Kampfpanzers, nur daß der Turm weggelassen wurde. Er wurde in der Zeit von 1942 bis 1945 in 300 Exemplaren gebaut. Als Regen- und Sonnenschutz war für den Fahrer eine Plane vorgesehen. Während der Fahrt wurde der Erdsporn durch das Zugseil hochgehalten.

Modell-BERGEPANTHER im Maßstab 1:10 von Herrn Wittgrebe, verschiedene Ansichten

Jagdpanzer HETZER

Der Jagdpanzer HETZER wurde als leichtes Sturmgeschütz für die Panzerabwehr entwickelt. Mit diesem Panzer wurden die Forderungen von Panzergeneral Guderian nach einem leichten Jagdpanzer erfüllt.

Im Mai 1944 wurden die ersten Serienfahrzeuge an die Truppe ausgeliefert. Wegen seiner flachen Bauweise bot das Fahrzeug dem Gegner eine kleine Angriffsfläche. Die 7,5 cm-Kanone war vorne in der Wanne eingebaut und hatte einen sehr geringen Schwenkbereich. Eingesetzt wurde der Hetzer auf allen Kriegsschauplätzen. Während der Ardennenoffensive wurden einige HETZER anstatt mit Kanonen mit Flammenwerfern ausgerüstet.

Auch der ELEFANT war vom Typ her ein Jagdpanzer. Wegen seiner langen 8,8 cm-Kanone wurde der Kampfraum nach hinten verlegt. Die beiden Motoren befanden sich in der Mitte der Wanne. Der kastenförmige Aufbau, dessen Seiten stark abgeschrägt waren, nahm die Kanone auf. Der Aufbau war recht groß und geräumig. Der Einstieg der Besatzung erfolgte durch eine runde Luke von oben. Das Laufwerk war durch Drehstäbe abgefedert, die Laufrollen hatten Stahlfelgen, die etwas federten und so zu einem ruhigen Lauf beitrugen.

Die ungeheuer starke Panzerung machte den ELEFANT unverwundbar gegen jeden Frontalangriff. Nachteilig war sein hohes Gewicht und der damit verbundene große Bodendruck.

Einige technische Daten:

PANTHER

Abmessungen L × B × H: 6,68 m × 3,3 m × 2,95 m;

Gewicht: 44,8 t; Panzerung: 20 bis 120 mm; Leistung: 700 PS;

Geschwindigkeit: 48 km/h, im Gelände: 24 km/h; Steigfähigkeit: 35°;

Besatzung: 5 Mann;

Bewaffnung: 1 – 7,5 cm-Kanone, 2 – 7,92 mm-MG

JAGDPANTHER:
Abmessungen L × B × H: 7,2 m × 3,27 m × 2,72 m;
Gewicht: 45,5 t; Panzerung: 15 mm bis 80 mm; Leistung: 700 PS;
Geschwindigkeit: 46 km/h, im Gelände: 24 km/h; Steigfähigkeit: 35°;
Besatzung: 5 Mann;
Bewaffnung: 1 – 8,8 cm-Kanone, 1 – 7,92 mm-MG

HETZER:
Abmessungen L × B × H: 5,1 m × 2,36 m × 2,1 m;
Gewicht: 17,4 t; Panzerung: 8 bis 60 mm; Leistung: 150 PS;
Geschwindigkeit: 42 km/h, im Gelände: 20 km/h; Steigfähigkeit: 25°;
Besatzung: 4 Mann;
Bewaffnung: 1 – 7,5 cm-Kanone, 1 – 7,92 mm-MG

ELEFANT
Abmessungen L × B × H: 6,8 m × 3,38 m × 3 m;
Gewicht: 68 t, Panzerung: 30 bis 200 mm; Leistung: 2 × 320 PS;
Geschwindigkeit: 20 km/h, im Gelände: 17 km/h; Steigfähigkeit: 22°;
Besatzung: 6 Mann;
Bewaffnung: 1 – 8,8 cm-Kanone

8. Sonderkraftfahrzeuge

Radfahrzeuge und Halbkettenfahrzeuge wurden bei der ehemaligen deutschen Wehrmacht unter der Bezeichnung Sonderkraftfahrzeuge (SdKfz) geführt. Darunter fielen Zugmaschinen, Schützenpanzerwagen, Vierrad- und Achtrad-Panzerspähwagen und die Kettenkrafträder.

Das kleine Kettenkrad bekam die Bezeichnung SdKfz 2. Es wurde von der Firma NSU in Neckarsulm gebaut, nachdem die Firma 1940 vom Heeresamt den Auftrag bekam, eine Zugmaschine für schweres Gelände mit einer Zugkraft von 0,5 t zu bauen. Durch die Verwendung bereits vorhandener Motorradteile wurde die Entwicklung so beschleunigt, daß noch im gleichen Jahr 70 Fahrzeuge an die Truppe ausgeliefert werden konnten. Das Kettenkrad wurde an allen Fronten eingesetzt und hat sich bestens bewährt. Einige Fahrzeuge wurden noch nach dem Zweiten Weltkrieg aus vorhandenen Teilen montiert und in der Wald- und Forstwirtschaft eingesetzt. Angetrieben wurde das Kettenkrad von einem 36 PS starken Motor. Es entwickelte bei einem Gewicht von 1235 kg eine Geschwindigkeit von 70 km/h. Die Besatzung bestand aus 3 Mann.

Ein weiteres Sonderkraftfahrzeug war der Mittlere Schützenpanzerwagen, der als Mädchen für alles, z. B. als Geschütz-, Pak- und Raketenträger sowie als Flammenwerfer eingesetzt wurde. Die Entwicklung begann 1934 mit der Aufgabe, ein Halbkettenfahrzeug mit 3 t Gewicht für das Heer zu schaffen. Das Oberkommando forderte eine gepanzerte Version. So entstand das Sonderkraftfahrzeug Sdkfz 251, das gerade rechtzeitig zu Beginn des Polenfeldzuges fertig wurde. Später gab es insgesamt 20 Varianten, deren Bezeichnung sich durch die Zahl hinter dem Schrägstrich unterschied. Das Laufwerk hatte die gleiche Anordnung der überlappenden Laufrollen wie später der PANTHER. Um im Inneren des Fahrzeuges viel Platz zu schaffen, hatte die Wanne einen sechskantigen Querschnitt. Der Motor befand sich vorne, um im Heck Platz für die Ausstiegsluke zu schaffen. Um dem Fahrer eine möglichst gute Sicht zu geben, mußte die Motorhaube niedrig gehalten werden.

Mittlerer Schützenpanzerwagen Sdkfz 251, Ausführung D mit Flak

Halbkettenfahrzeug mit 8,8 cm-Flak

Einige technische Daten zum Sdkfz 251:

Abmessungen L × B × H: 5,8 m × 2,1 m × 1,75 m;

Gewicht: 9,2 t;

Leistung: 76 kW (100 PS); Geschwindigkeit: 55 km/h;

Besatzung: 2 Mann und 10 Soldaten;

Bewaffnung: Es wurde eine Vielzahl von verschiedenen Waffen eingesetzt.

Panzerspähwagen waren reine Radfahrzeuge. Es gab einen „Leichten Panzerspähwagen“ mit vier Rädern mit der Bezeichnung Sdkfz 221/222 und einen „Schweren Panzerspähwagen“ mit acht Rädern unter der Bezeichnung Sdkfz 234. Der Leichte Spähpanzer 221 wurde auf dem Fahrgestell des schweren Personenkraftwagens aufgebaut. Es war ein Kampfwagen mit oben offenem, siebeneckigem Turm. Die Bewaffnung bestand aus nur einem 7,92 mm-Maschinengewehr. Das Sdkfz 222 wurde 1938 eingeführt. Es war der Standard-Spähpanzer für die Aufklärungseinheiten auf Divisionsebene. Der offene, zehneckige Turm wurde zum Schutz gegen Granaten durch ein Drahtgitter abgedeckt, das nach den Seiten hin aufgeklappt werden konnte, um den Einsatz der Waffe zu vereinfachen. Die Bewaffnung bestand aus einer 20 mm-Kanone. Das Fahrzeug bewährte sich in Westeuropa und Nordafrika und blieb bis zum Ende des Krieges im Einsatz. Alleine in Rußland erwies es sich als nur begrenzt einsatzfähig.

Einige technische Daten des Sdkfz 222:

Abmessungen L × B × H: 4,9 m × 1,95 m × 2,0 m;

Gewicht: 4,3 t;

Leistung: 62 kW (81 PS); Geschwindigkeit: 80 km/h;

Besatzung: 3 Mann;

Bewaffnung: 1 – 20 mm-Kanone; 1 – 7,92 mm-MG.

Verschiedene Ausführungen von Kettenkrafträdern

Der Achtradpanzerspähwagen, bekanntgeworden als Sonderkraftfahrzeug 234, war von 1944 bis 1945 bei der Deutschen Wehrmacht im Einsatz. Das Fahrzeug hatte eine selbsttragende Wanne und war für den Einsatz im heißen Klima geeignet. Während die deutschen Radpanzer mit einem Benzinmotor ausgerüstet waren, erhielt das Sdkfz 234 einen 12-Zylinder-Dieselmotor. Obwohl die Arbeiten an diesem Panzerspähwagen schon früh begannen – ein erstes Erprobungsmuster wurde bereits im Juli 1941 an das Heer ausgeliefert –, wurde das Sdkfz 234 erst 1944 in Dienst gestellt. Das Grund für die Verzögerungen war, daß es erhebliche Probleme mit dem neuen Motor gab, so daß erst Ende 1943 mit der Produktion begonnen werden konnte. Von diesem Fahrzeug gab es mehrere Varianten. Als Grundversion galt der Befehlspanzer 234/1 mit einem nach oben offenen, voll drehbaren, sechseckigen Turm mit einer 2 cm-Kanone. Mit einer 5 cm-Kanone ausgerüstet erhielt der Radpanzer die Bezeichnung 234/2, auch PUMA genannt. Die Ausführung 234/3 war mit einer kurzen, die Ausführung 234/4 mit einer langen 7,5 cm-Kanone bestückt. Das bekannteste Fahrzeug war jedoch die Version 234/2 PUMA. Bemerkenswert an diesem Panzer war der große Fahrbereich von ca. 1000 km, wie er für den Einsatz beim Afrikacorps auch notwendig war. Allerdings kamen die Fahrzeuge für einen Einsatz in Afrika zu spät, sie wurden jedoch in Rußland eingesetzt. Von diesen letzten deutschen Radpanzern wurden im Zweiten Weltkrieg etwa 2300 Stück gebaut. Der PUMA erhielt den Turm, der ursprünglich für einen leichten Panzerkampfwagen entwickelt worden war, welcher jedoch niemals in Serie ging. Dieser Panzer sollte schon damals den Namen LEOPARD erhalten. Als deutlich wurde, daß man gegen die russischen Panzer stärkere Kanonen brauchte, wurden die beiden Versionen 234/3 und 234/4 mit 7,5 cm-Kanonen gebaut.

Einige technische Daten zum Sdkfz 234/2:

Abmessungen L × B × H: 6,8 m × 2,3 m × 2,3 m;

Gewicht: 11,74 t;

Leistung: 160 kW (210 PS); Geschwindigkeit: 85 km/h; Steigfähigkeit: 30 %;

Besatzung: 4 Mann; Bewaffnung: 1 – 5 cm-Kanone, 1 – 7,92 mm-MG

Modell eines Halbkettenfahrzeuges mit aufgebauter Flak

Herr **Paul Walter, In der Kohldell 12, aus 66386 St. Ingbert,** ist ein begeisterter Modellbauer, der auch bereits ein Kettenfahrzeug gebaut hat. Ihm haben es jedoch die deutschen Spähpanzer angetan, und so baute er in seiner Werkstatt die beiden Sonderkraftfahrzeugmodelle Sdkfz 222 (den leichten Spähpanzer) und Sdkfz 234/2 (den schweren Spähpanzer PUMA) detailgetreu nach.

Beide Modelle entstanden in Ganzmetallausführung im Maßstab 1:10. Wie gut die beiden Panzerspähwagen Herrn Walter gelungen sind, zeigen die Abbildungen. Der „Schwere Panzerspähwagen" hat eine Länge von 600 mm (ohne Kanone), der „Leichte Panzerspähwagen" ist 450 mm lang. Die Modelle wurden aus Aluminiumplatten geschraubt und geklebt. Wie Herr Walter das gemacht hat, erzählt er selbst:

„Nach meiner Erfahrung ist eine bei 80 bis 100° Celsius ausgehärtete Zweikomponenten-Metallklebung mindestens so gut wie eine gute Weichlötung. Das schwierigste Kapitel bei beiden Modellen war zunächst die Beschaffung passender und vorbildgetreuer Reifen. Was es in dieser Hinsicht auf dem allgemeinen Modellbaumarkt gibt, ist weithin unbrauchbar, zumindest in dem hier benötigten Maßstab. Für das Achtradfahrzeug bin ich nach langem Suchen durch Herrn Jochen Maier aus Mindelheim mit sehr schönen Reifen beliefert worden. Für das Vierradfahrzeug blieb mir nichts anderes übrig, als mühsam auf der Dreh- und Fräsmaschine eine Form zu erstellen und danach die Reifen bei einem Vulkaniseur formen zu lassen. Sie sind nicht ganz so schön wie die von Herrn Maier, aber brauchbar. Der Achtradpanzerspähwagen ist allradgelenkt und allradangetrieben. Alleine bei diesem Fahrzeug mußten acht Gelenkwellen zum Antrieb angefertigt werden. Jedes Rad wird über zwei Querlenker geführt, je zwei Radpaare sind blattgefedert. Der

Modell-Vierrad-Panzerspähwagen Sdkfz 222 im Maßstab 1:10 von Herrn Paul Walter

Turm ist drehbar, die Kanone beweglich, die Schießmechanik verschießt 8 mm-Platzpatronen.

Der Vierradpanzerspähwagen ist nach dem gleichen Prinzip gebaut, alle Räder werden gelenkt und angetrieben. Statt Blattfedern verwendete ich hier Schraubenfedern. Wie immer beim Nachbau solcher Fahrzeuge war die Suche nach bemaßten Bauunterlagen ohne wesentlichen Erfolg verlaufen. Beim Achtradpanzerspähwagen halfen eine „Inaugenscheinnahme" im Panzermuseum in Munster und einige Fotos. Beim Vierradpanzerspähwagen blieb mir außer einem Modell im Maßstab 1:35, mit der allen Panzermodellbauern sattsam bekannten Umrechnerei mit allen Fehlerquellen, nur die Auswertung vieler alter Fotos. Dennoch glaube ich hinreichend genau gearbeitet zu haben, so daß im Gesamteindruck die Proportionen stimmen."

Modell-Achtrad-Panzerspähwagen, Sdkfz 234 PUMA im Maßstab 1:10 von Herrn Paul Walter

Schwerer Panzerspähwagen

9. Sowjetische und US-Kampfpanzer

Einer der legendären Panzer des Zweiten Weltkrieges war der sowjetische T 34. Aufgrund der ernsten politischen Lage erteilte das russische Oberkommando am 19.12.1939 den Befehl, den aus dem T 32 entwickelten neuen T 34 zu bauen. Ende Januar 1940 verließen die ersten T 34 die Komintern-Werke. Bemerkenswert an diesem Panzer war die Formgebung, die die Widerstandsfähigkeit gegen die Durchschlagskraft von Granaten bedeutend erhöhte. Seine Bewaffnung mit einer 76,2 mm-Kanone mit langem Rohr war ebenfalls für Panzer dieser Klasse neu. Das Laufwerk des T 34 erlaubte es, auch in schwerem Gelände hohe Geschwindigkeiten zu fahren. Die breiten Ketten verminderten den Bodendruck erheblich. Die Gesamtkonstruktion des Panzers war auf eine Massenproduktion ausgerichtet. Ende 1940 waren die ersten 115 Stück des T 34 fertiggestellt. Als die Deutschen Truppen im Juni 1941 angriffen, kamen 1225 T 34 zum Einsatz. Den ersten Kampfeinsatz erlebte der T 34 am 22. Juni 1941 in der Nähe von Grodno. Für die Deutschen war der T 34 eine große Überraschung. Man versuchte den Panzer in Deutschland zu kopieren, was jedoch nicht gelang. Die Antwort auf den T 34 war der PANTHER, dessen Gesamtkonstruktion erheblich vom T 34 beeinflußt wurde. Wegen des Vorrückens der Deutschen Truppen wurde die sowjetische Panzerproduktion weiter nach Osten verlegt.

Der T 34 war ursprünglich mit einem geschweißten Turm aus Walzstahl ausgerüstet. Um die Produktion zu beschleunigen, führte man einen Gußturm ein. Ab Mitte 1941 erhielt der T 34 eine neue Kanone mit verlängertem Rohr und höherer Mündungsgeschwindigkeit. Während der Serienproduktion wurden mehrere Änderungen vorgenommen. Die entscheidende Verbesserung kam jedoch erst im

Original-T 34-Panzer, gesehen und fotografiert bei Gablonz im Riesengebirge

Herbst 1943, als die 85 mm-Kanone eingebaut wurde. Dieser neue Panzer wurde im Dezember 1943 produziert, er erhielt die Bezeichnung T 34/85. Die Fertigung des T 34/85 lief bis Mitte der 50er Jahre. Von ihm wurden 11 000 Stück hergestellt. Später wurde er durch den T 54 abgelöst.

Einige technische Daten des T 34:

Abmessungen L × B × H: 7,5 m (mit Kanone) × 2,92 m × 2,39 m;

Gewicht: 32 t;

Leistung: 380 kW (500 PS); Geschwindigkeit: 50 km/h;

Besatzung: 5 Mann

Bewaffnung: 1 – 85 mm-Kanone (beim T 34/85), 2 – 7,62 mm-MG

Der T 54 war eine Weiterentwicklung aus dem T 34 und einer Zwischenkonstruktion, dem T 44, der gegen Ende des Zweiten Weltkrieges entstand. Über die Produktionszahlen des T 54 und der verbesserten Ausführung T 55, gibt es keine genauen Angaben. Man rechnet jedoch mit 60000 bis 70000 Stück. Die Wanne des Panzers war geschweißt, der Turm bestand aus Stahlguß mit eingeschweißtem Dach. Im Turmdach sind zwei Luken vorhanden. Der Motor und das Getriebe lagen hinten in der Wanne, das Laufwerk bestand aus fünf Laufrollen sowie dem Treibrad vorne und dem Leitrad hinten. Das Laufwerk ist drehstabgefedert. Als Hauptwaffe diente eine 100 mm-Kanone mit gezogenem Rohr.

Einige technische Daten des T 54:

Abmessungen L × B × H: 9 m (mit Rohr) × 3,27 m × 2,40 m;

Gewicht: 36 t, (T 55: 41,3 t);

Leistung: 395 kW (520 PS); Geschwindigkeit: 50 km/h (T 55);

Besatzung: 4 Mann

Bewaffnung: 1 – 125 mm-Glattrohrkanone (T 55); 2 – 7,62 mm-MG, 1 – 12,7 mm-Fla-MG

Da es recht schwierig ist, an Unterlagen und Fotos von sowjetischen Panzern heranzukommen, gibt es nur wenige Modelle. So dürfte es sich bei dem nachfolgend beschriebenen Modell um eine Seltenheit handeln.

Herr **Wilhelm Doletschek, Am Eichbaum 15, aus 38229 Salzgitter,** baute einen T 34 als Modell im Maßstab 1:13. Wie er dazu kam, berichtet er selber:

„Angeregt zum Bau des T 34 wurde ich bereits während meines Wehrdienstes von 1957 bis 1959 bei der Tschechoslowakischen Armee, den ich als Kommandant eines T 34 absolvierte. Das Konzept mit Skizzen und Zeichnungen entstand im Jahre 1960. Den Panzer aus Aluminium zu bauen ergab sich, da ich damals in einem Alu-Druckgußwerk beschäftigt war. Über zwei Jahre wurde die gesamte Freizeit geopfert und viele Abende wurden heimlich im Werk verbracht. Den Turm sowie Ober- und Unterteil der Wanne habe ich in Sandform gegossen und anschließend bearbeitet. Für die 110 Kettenglieder wurde eine Spritzgußform angefertigt. Der Turm ist über eine Axiallagerung mit Zahnkranz mit der Wanne verbunden. Die Laufräder sind kugelgelagert und einzeln abgefedert. Als Standmodell war der Panzer 1963 fertig. Die nächste Ausbaustufe, der Einbau eines Antriebes und der

Modell-T 34 im Maßstab 1:13 von Herrn Doletschek

Steuerung, konnte damals leider nicht mehr durchgeführt werden, da die ganze Arbeit ein trauriges Ende genommen hatte: Das Panzermodell wurde von der STB (Polizei) beschlagnahmt und verbrachte ein halbes Jahr in der STB-Zentrale in Karlsbad. Es dauerte weitere drei Jahre, bis mir mein Modell am 20.11.1966 wieder ausgehändigt wurde. Es war für mich ein unvergeßlicher Tag! Danach stand mein T 34 über 20 Jahre in unserem Wohnzimmer. Erst 1989, inspiriert durch das Buch „Kettenfahrzeugmodelle", habe ich mich entschlossen, mein Jugendwerk mit „High Tech" nachzurüsten und zu vollenden.

Modell-T 34 mit voll funktionsfähiger Stalinorgel

Mit der freundlichen Unterstützung des Inhabers eines Modellbaugeschäftes in Salzgitter, Herrn Bergmann, begann die zweite Stufe der Entwicklung meines T 34. Inzwischen ist das gesamte Innenleben fertiggestellt. Gelenkt und gesteuert wird mein T 34 durch die FUTABA FC-18 Fernsteueranlage. Das Modell kann folgende Funktionen ausführen:

- Fahren, max. 80 m/min
- Turm drehen
- Kanone senken und heben, von –5° bis +20°
- Kanone schießen, vier Platzpatronen in 12 sec.
- Leichtes MG-Feuer, akustisch
- Schweres MG-Feuer, akustisch
- Dieselmotorgeräusch
- Anlassergeräusch
- Fernlicht/Rotlicht. (Beim Einschalten des Hauptschalters von Hand, beginnt auf dem Turm Rotlicht zu blinken.)

Um dem Modell T 34 mehr „Kampfkraft“ zu geben, z.B. bei Modellmanövern, habe ich einen auf den Turm aufsteckbaren Raketenwerfer entwickelt. Um den Aktionsradius zu erhöhen, wurde ein Anhänger für Bleiakkus 12V/10Ah gebaut, auf dem ebenfalls ein Tonbandgerät mit 20-Watt-Verstärker zum Hörbarmachen des Panzer-Fahrgeräusches montiert wurde. Die Ein-/Ausschaltung sowie die Lautstärkeregelung erfolgen über die Fernsteuerung. Der ebenfalls ferngesteuerte Raketenwerfer ist für 30 Schuß 15 mm-Munition und eine Schußfolge bis zu 1 Schuß/sec. ausgelegt. Er läßt sich von 10° bis 90° schwenken.“

Technische Daten des T 34-Modellpanzers im Maßstab 1:13

Abmessungen L × B × H: 68 cm × 28 cm × 23 mm;

Gewicht: 23 kg (30 kg mit Anhänger und Raketenwerfer);

Antrieb: 2 × Graupner SPEED 700 TURBO (12V/18A);

Bordspannung: 6V/12V;

Herr **Wolfgang Kirchberger, Drackendorferstraße 24 aus 07747 Jena,** baute seit seiner Jugendzeit Panzermodelle, zunächst Standmodelle, später wurden sie fahrbar gemacht. Sein erstes Modell war der T 34/85. Er entstand im Maßstab 1:33 aus Konservendosenblech und erhielt einen Elektromotor mit Getriebe als Antrieb. Die Steuerung erfolgte über Kabel, die Stromversorgung von einem Trafo aus. Bald stellte sich jedoch heraus, daß der Maßstab von 1:33 für fahrbare Modelle zu klein war und so ging Herr Kirchberger zum Maßstab 1:25 über, was sich daraus ergab, daß er Unterlagen im Maßstab 1:25 bekam. Im Laufe der Jahre entstanden so an die 100 Modellpanzer. Doch welche Modelle Herr Kirchberger baute, soll er selbst berichten:

„Gebaut wurde die T-Serie der ehemaligen Sowjetarmee: T 24, T 34/85, T 35, T 44, T 54/55, T 62, T 72 sowie die SLF-Reihe SFL 100, SLF 122 und SLF 152. Alles was sich beim Original bewegt, ist auch im Modell beweglich. Die Modelle haben zwei

Oben: Einige Sowjetische Schützenpanzer im M 1:25
Unten: Aufklärungs-Leitsystem Fla SFL 23-4

Sowjetisches Aufklärungs- und Leitsystem im M 1:25

Motoren, als Ketten werden Gummiketten mit einem Kettenschloß aus Blech verwendet. Bei einigen Modellen werden Plastikketten ohne Schloß eingesetzt, doch diese haben den Nachteil, daß sie ständig unter Spannung stehen müssen. Die Ketten für den T 72 wurden aus Miramid geprägt und wie beim Original gefertigt. Das Aufklärungs- und Leitsystem ist auf der Wanne des Schwimmpanzers PT 76 aufgebaut und dient zur Aufklärung von Flugzeugen und zur Leitung der Raketen. Beide Modelle haben auch in meine Sammlung Eingang gefunden. Das Modell hat einige Probleme gemacht, weil das gesamte System zusammen mit dem Radarschirm aus der Wanne herausgefahren und um 360° gedreht wird. An der Konsole wurden vier Schienen angebracht und im Zahnkranz die entsprechenden Aussparungen eingefräst. Somit läßt sich die Konsole heben und drehen. In der Konsole befindet sich noch ein Motor mit Getriebe zum Aufrichten der Parabolantenne. Damit sind in das Modell fünf Motoren eingebaut".

Herr **Erwin Fr. Bock, Totleger 6, aus B-4731 Raeren, Belgien,** ist Mechanikermeister und zugleich ein begeisterter Panzermodellbauer. Wie die Fotos einiger von ihm gebauter Modelle zeigen, ist er tatsächlich ein Meister seines Fachs, weshalb ich ihn selbst berichten lasse, wie alles angefangen hat:

„Mit dem Panzermodellbau begann ich vor ca. fünfzehn Jahren und mittlerweile bin ich bei sechzehn gebauten Modellen angekommen. Meine Modelle wurden überwiegend in Aluminiumplattenbauweise im Maßstab 1:10 gebaut. Getriebe, Fahrwerke und Ketten habe ich selbst hergestellt, d.h. für alle Gußteile wurden Formen erstellt, die dann in Gießereien abgeformt und gegossen wurden. Das hatte den Vorteil, in der Wahl der zu bauenden Modelle unabhängig von angebotenen Teilen zu sein. Immer wieder kam es vor, daß von früheren Bauten Teile übrig blieben, und dann entstanden Modelle wie z.B. der PANTHER um diese Restteile herum. So war es auch beim Panzer SHERMAN M4A3E8, über den ich hier kurz berichten möchte.

Modell-SHERMAN M4 A3E8 im Maßstab 1:10 von Herrn Bock

Seit längerer Zeit lagen vom LEOPARD eine Reservekette und zwei Motoren von je 75 Watt (Krafteier) herum und ich fragte mich, was man daraus machen könnte. Da die Kette zur letzten SHERMAN-Ausführung paßte, stellte ich einen Satz Treibräder her. Da ich noch ein anderes Modell in Arbeit hatte, wollte ich ein möglichst unkompliziertes, serienfreundliches Modell erstellen mit möglichst geringem Aufwand an Zeit und Kosten. Die Unterwanne wurde aus 2 mm starkem Aluminium in einem Stück gebogen, die Oberwanne aus Platten verschraubt und als Ganzes abnehmbar gestaltet. Danach wurde es doch noch recht kompliziert, denn das Getriebegehäuse sollte mit Getriebezahnrädern, Motoren und Antriebsrädern als eine Einheit schnell ausbaubar sein. Also baute ich ein Formmodell für das Gehäuse und ließ es abgießen. Daraus entstand dann ein Doppelgetriebe mit einer Untersetzung von 12:1. Für die Laufrollenwagen mußten ebenfalls Gußmodelle hergestellt werden, die dann in Aluminium oder Zinn – je nach Belastung – abgegossen wurden. Der obenliegende Stoßdämpfer ist ein Dummy, mit einer Zugfeder in seinem Inneren. Dadurch wird die Wirkung der Druckfedern etwas gemildert. Nach dem Lösen von acht Schrauben ist jeder der sechs Laufrollenwagen einzeln abnehmbar. Der Turmdrehkranz ist ein Fertigteil mit einem Durchmesser von 20 cm, er wird über ein Getriebe mit Reibrad angetrieben. Stößt der Turm an, dreht das Reibrad durch. Die Turmkalotte wurde aus mehreren Lagen Rohazell (aufgeschäumtes Plexiglas) als Topf gefertigt. Man kann auch Hart-Styropor (grüne Farbe) verwenden, beides läßt sich gut als Gußform verwenden. Blende, Rohr und Mündungsbremse sind aus Hart-PVC angefertigt, alle anderen Kleinteile aus Messing oder Zinn. All diese Arbeiten ließen sich dann doch nicht so schnell ausführen wie geplant, und so benötigte ich doch eine Bauzeit von einem Jahr für mein Modell. Die Kosten für Kauf- und Gußteile hielten sich mit ca. DM 1500,– im Rahmen. Das Gewicht meines Modells beträgt 22 kg. Mit zwei Fahrakkus 12V/ 6,5Ah erreichte ich eine Fahrzeit von etwa einer Stunde. Der erste Geländeeinsatz fand im Rahmen eines Panzermodellbauertreffens in Nienburg statt und wurde zu einem Erfolgserlebnis. Mein SHERMAN-Panzer war das einzige Modell dieses Typs, er lief gut und kam bei den Herren Modellbaukollegen gut an. Also hatte sich die Mühe gelohnt und nach dem Motto, „man nehme eine überzählige Kette und ein paar Teile und baue daraus ein gutes Modell“, wird es wohl weitergehen.“

Herr **Martin Heinz, Maria-Juchacz-Ring 50, 66564 Ottweiler** hat nicht nur die CATERPILLAR D8H-Planierraupe gebaut, die im Abschnitt 6 „Zivile Kettenfahrzeugmodelle“ beschrieben ist. Er und sein Vater beschäftigen sich auch schon seit langer Zeit mit dem Bau von Panzermodellen. Eines dieser Modelle, einen Nachbau des sowjetischen Panzers T34/76 wird Herr Heinz hier vorstellen.

„Mein Vater fertigte die Wannenober- und -unterteile, alle Räder und Aufbauten, ich war für den kompletten Antriebsstrang, die Motorisierung sowie den Einbau der RC-Anlage zuständig. Die Wanne besteht aus 2-mm-Aluminium, die Seitenteile wurden im rechten Winkel auf die Bodenplatte geklebt und am Stoß mit Vierkantrohr verstärkt. Hierfür verwendeten wir Kleber aus dem Flugzeugbau, Schrauben werden bei uns nur sparsam verwendet, denn ist die Konstruktion klebegerecht ausgeführt, hält sie den auftretenden Belastungen stand. Die Vierkantrohre wurden bereits vor dem Einkleben mit Bohrungen für die Achsschenkellager versehen. Wir verwenden Sinterbronzelager, für die Achsen kommt Stahl zur Anwendung. Diese erhalten eine Durchgangsbohrung, in die die Drehstabfedern eingeklebt werden. Diese stützten sich auf den in der Wanne angebrachten Klemmvorrichtungen ab. Die Schwingen aus Aluminium werden auf die Achsenden außerhalb der Wanne geklebt. Eine spätere Höhenverstellung des Laufwerkes ist somit jederzeit möglich.

Die 16 bis 20 mm starken Abtriebsachsen aus Stahl sind kugelgelagert. Diese werden von einem massiven Aluflansch (Drehteil) aufgenommen, der äußere Abtriebsflansch ist an die Achse angeformt und hat einen Durchmesser von 40 mm. An ihn werden später die Triebräder mit Schrauben angeflanscht. Als

Das fertige Modell des T34/76 von Herrn Heinz und seinem Vater

Das Modell von vorne gesehen

Vorgelege wählen wir meistens ein einfaches Rollenkettengetriebe, es gleicht geringe Fluchtfehler und minimale Verschränkungen aus und hat bei richtiger Auslegung einen guten Wirkungsgrad.

Das Lenkgetriebe ist direkt hinter dem Vorgelege plaziert und auf einer eigenen Grundplatte aus GfK mit vier Schrauben befestigt. Diese Grundplatte wird dann durch drei Bohrungen mit der Bodenplatte verschraubt, die Einheit bekommt dann noch eine Abdeckung aus Plexiglas. Auf dieser wird die RC-Anlage installiert, die Akkus finden hinter dem Lenkgetriebe auf einer gesonderten Platte Platz. Der Vorteil dieser Modulbauweise liegt auf der Hand: Nach dem Entfernen des Wannenoberteils ist die Antriebseinheit in zwei Minuten ausgebaut, um eventuell Wartungsaufgaben an ihr durchführen zu können oder um sie in ein anderes Panzermodell einzubauen.

Das Wannenoberteil besteht aus PVC (hart), auch die Laufrollen bestehen aus diesem Material, teilweise mit selbstgegossenen Vollgummibandagen. Die Leiträder sind kugelgelagert und einstellbar, um die richtige Kettenspannung einstellen zu können. Gerät im Betrieb ein größerer Fremdkörper in das Kettenlaufwerk, so federt das Leitrad die auftretenden Sapnnungspitzen ab. Stütz- und Leitrollen sind gleitgelagert.

Doch nun zu den Ketten. Am Anfang behalfen wir uns mit den Ketten der Firma Conrad-Elektronik, diese sind verschleißfest und auch bei Fahrzeuggewichten von über 30 kg (nach Modifikation) ausreichend stabil. Um jedoch vorbildgetreue Kettenfahrzeuge zu erhalten, muß man bei diesem Maßstab eigene Wege gehen.

Blick in die Wanne eines anderen Panzermodells von Herrn Heinz

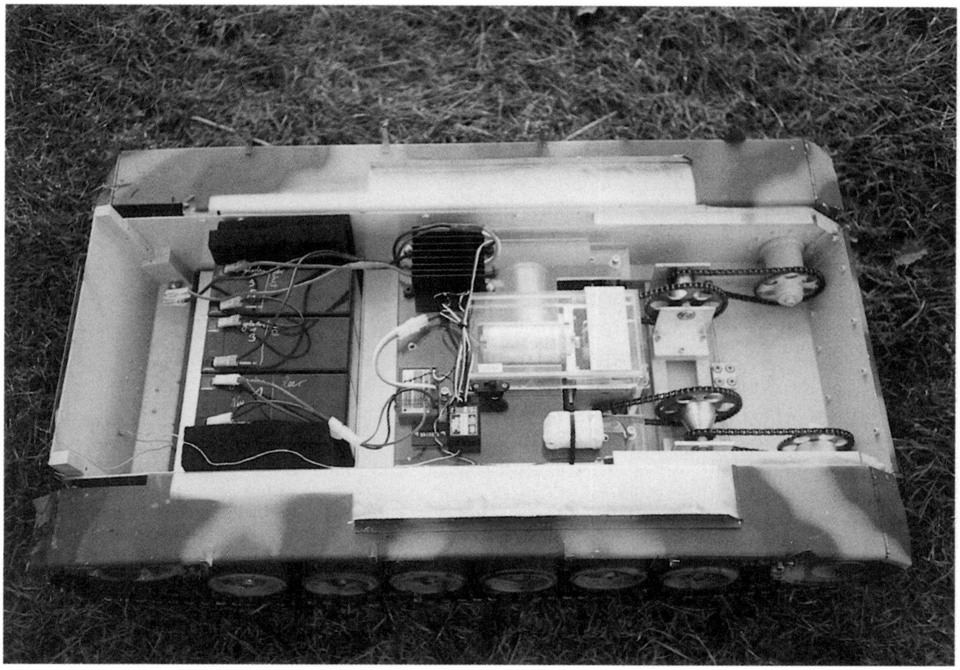

Wir gießen unsere Ketten aus einem zähelastischen Kunststoff. Hierzu muß zunächst ein Urmodell aus Aluminium erstellt werden, mit diesem werden dann etwa 10 Negativformen aus Silikon hergestellt. Anschließend mischt man die Komponenten des Kunststoffs und gießt ihn in die Formen ein. Nach etwa 24 Stunden Aushärtezeit hat man dann 10 vorbildgetreue, hochbelastbare und leichte Kettenglieder. Die Bohrungen für die Bolzen sind schon vorhanden, da durch die Gießform vor dem Eingießen geschliffene Auswerferstifte aus dem Werkzeugbau gesteckt wurden. Die Vorbildtreue, das geringe Gewicht und die Verschleißfestigkeit bei einer gewissen Elastizität zählen zu den Vorteilen dieser Kettenglieder, Nachteilig ist die teilweise vorhandene Blasenbildung auf der Ketteninnenseite."

US-Panzer SHERMAN M 4 im Maßstab 1:16

Von der Firma Tamiya gibt es auch den US-Panzer SHERMAN M 4 im Maßstab 1:16 in einer neuen RC-Version. Dieses Modell wird von zwei Elektromotoren der Baugröße 380 angtrieben, die auf je ein Getriebe arbeiten. Um das Modell feinfühlig wie ein RC-Car lenken zu können, haben die Tamiya-Ingenieure die DMD-Kontrolleinheit T-01 entwickelt. In dieser befinden sich zwei elektronische Fahrtregler und eine weitere Kontrolleinheit, die die beiden Geschwindigkeitsregler überwacht. Dieses System macht es möglich, den Panzer bei jeder Geschwindigkeit leicht zu lenken, die Motoren werden automatisch durch die DMD-Einheit kontrolliert. Zwei in die Kontrolleinheit eingebaute Leuchtdioden zeigen den Betriebszustand an, das gesamte System wird aus dem 7,2-V-Fahrakku gespeist, so daß keine weitere Stromquelle erforderlich ist. Die Kontrolleinheit steckt man direkt an den Empfänger, den Fahrakku und die Motoren an. Alle dafür erforderlichen Anschlußkabel mit Steckverbindungen sind vorhanden, Servos werden also nicht benötigt. Gesteuert wird der SHERMAN dann über eine einfache 2-Kanal-Anlage.

Außer dem Empfänger und der Stromquelle sind im Bausatz alle Bauteile enthalten, die zum Bau dieses Modells erforderlich sind. Auch die DMD-Kontrolleinheit und die beiden Motoren mit vormontierten Getrieben liegen im Baukasten. Das Chassis besteht aus Duraluminium. Man beginnt mit dem Einbau der Kettenlaufradaufhängungen an der Außenseite der Bodenwanne und dem Aufziehen der Gummireifen auf die Laufräder. Beim folgenden Einbau der beiden Getriebe mit den bereits angeflanschten Motoren ist darauf zu achten, daß beide Getriebeeinheiten möglichst gleichzeitig in die Wanne eingeschoben werden. Das Getriebe mit dem etwas tiefer gelegenen Motor wird links, das mit dem höher gelegenen Motor rechts in die Wanne eingebaut. Anschließend sind die Seitenplatten anzubringen.

In den nächsten Baustufen werden die Radaufhängungen zusammen- und auf die bereits auf der Außenseite der Wanne angebauten Halterungen angebaut. Zu beachten ist dabei, daß die Radaufhängungen federn müssen.

Nach der Montage der Laufräder erfolgt der Einbau der RC-Anlage in das Chassis. Hier geht man genau nach der ausführlichen und übersichtlichen Bauanleitung vor. Zum Aufbau des Wannenoberteils und des Turmes ist nichts zu sagen.

Einbau der beiden Getriebe in die Wanne

Befestigung der Radaufhängungen mit den Laufrädern

Aufziehen der Ketten

Blick in die Wanne mit eingebauter Fernsteueranlage

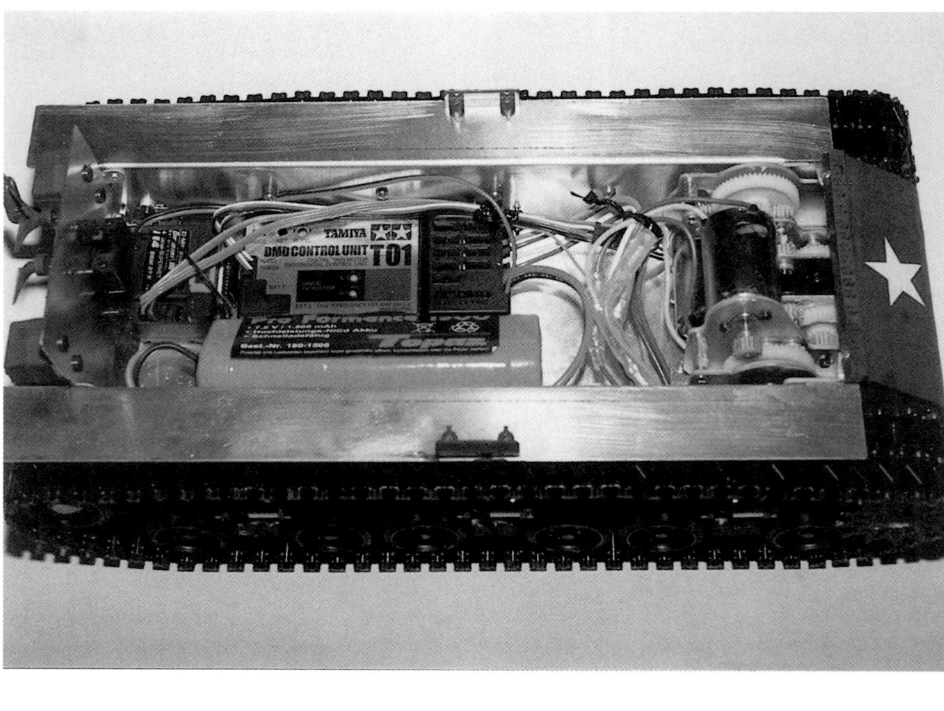

Das fertige Modell des SHERMAN M4 von Tamiya im Maßstab 1:16

Nun folgt der Zusammenbau der beiden Ketten, der eine wahre Sträflingsarbeit ist, da er etwa doppelt so lange wie der Aufbau des ganzen Panzermodells dauert. Wie die einzelnen aus je vier Teilen bestehenden Kettenglieder zusammenzubauen sind, wird in der Bauanleitung auf Bildern gezeigt. Sind dann erst die 152 erforderlichen Kettenglieder mühsam zusammengebaut, erfolgt das einhängen jedes einzelnen Kettengliedes in das andere, um daraus zwei Ketten mit je 76 Kettengliedern herzustellen. Die Montage der Kettenglieder selber und auch das Einklinken der Kettenglieder miteinander funktionieren nicht ohne Zuhilfenahme von Flachzange und Schraubendreher als Hilfswerkzeuge. Hat man das dann geschafft, ist das Auflegen der fertigen Ketten auf die Ketten-Laufräder das reinste Kinderspiel.

Nachdem der SHERMAN dann seinen vorbildgetreuen Anstrich bekommen hat, kann es ans Fahren gehen. Die Lenkung funktioniert tatsächlich genauso einfach wie bei einem normalen RC-Car, es gibt keine ruckartigen Bewegungen. Abgesehen vom Zusammenbau der Ketten ist der Aufbau des Panzermodells unproblematisch und leicht durchzuführen, alle Teile paßten genau zusammen und ein Nacharbeiten war nicht notwendig.

Abmessungen des Modells:

Länge: 360 mm

Breite: 185 mm

Höhe: 210 mm (mit MG)

10. Panzer der Deutschen Bundeswehr

Als 1956 die Wiederbewaffnung der Bundesrepublik Deutschland begann, erhielt die Bundeswehr zunächst vornehmlich amerikanische Panzer. Doch sehr bald danach wurde mit der Entwicklung eigener Panzertypen begonnen. Nach der Aufstellung neuer Panzereinheiten wurden die Unterstützungswaffen und -fahrzeuge voll in die Panzerverbände integriert.

Mit dem LEOPARD hat die deutsche Rüstungsindustrie einen Kampfpanzer geschaffen, der die heutigen Forderungen der Panzertruppe voll erfüllt. Der deutsche Panzerbau hat nicht nur Anschluß an den heutigen Stand der Technik gefunden, sondern darüber hinaus Vorbildfunktion erfüllt. Die Exporte aus der LEOPARD-Serie sind dafür ein guter Beweis. 1977 wurden neben den 2437 für die Bundesrepublik bestellten LEOPARD-Panzern weitere 1990 (davon 600 in Lizenzfertigung) von sieben weiteren Ländern geordert. Der Kampfpanzer LEOPARD gehört zu den besten Waffensystemen aus deutscher Produktion. Nach Meinung der meisten Experten ist er der beste Kampfpanzer der Welt.

Der amerikanische M41 war der erste Panzer, der in der neuen Bundeswehr Dienst tat. Von ihm wurden etwa 600 Stück angeschafft. Der 24 t schwere M41 war mit einer 76,2 mm-Kanone ausgerüstet, seine Höchstgeschwindigkeit betrug 72 km/h. Er war die ersten 10 Jahre nach Gründung der Bundeswehr im Einsatz. Im Jahre 1956 erhielt die Bundeswehr die ersten von 1000 Stück des neuen M47, der unter dem Namen PATTON bekannt wurde. Für den Korea-Krieg gebaut, kam er jedoch dort nicht mehr zum Einsatz. 1958 erhielt die Bundeswehr den amerikanischen M48 mit einem Gefechtsgewicht von 47 t, nachdem zuvor der britische Kampfpanzer CENTURION und der französische AMX 13 im Gespräch waren. Der neue Panzer erhielt die bewährte Bordkanone vom Kaliber 90 mm mit guter Treff-

Kampfpanzer M 47, wie er in den Anfangsjahren der Bundeswehr benutzt wurde

Modell des Kampfpanzers M 48 A2 im Maßstab 1:10 von Herrn Pakolicz

und Durchschlagsleistung. Seine Beweglichkeit und technische Leistungsfähigkeit entsprachen dem Entwicklungsstand und den Bedürfnissen der 60er Jahre. Ab 1959 wurden von der Bundeswehr 1492 Fahrzeuge dieses Typs angeschafft. Bis zur Einsatzfähigkeit des Kampfpanzers LEOPARD 1 bildete er das Rückgrat der Panzertruppe. Selbst nach der Einführung der LEOPARD 1 und 2-Panzer wurde er weiterhin genutzt. In den Jahren 1978 bis 1980 wurden 600 M48-Panzer mit einer 105 mm-Bordkanone ausgerüstet, gleichzeitig erhielten sie die Kommandantenkuppel des LEOPARD 1. Im August 1963 wurde zwischen den USA und der Bundesrepublik Deutschland ein Regierungsabkommen zur bilateralen Entwicklung eines einheitlichen, standardisierten „Kampfpanzers 70" abgeschlossen. Es sollte ein Panzer konzipiert und gebaut werden, der sich durch zahlreiche Neuerungen von den anderen Fahrzeugen wesentlich unterschied. Im Vorlauf der Entwicklungen wurden in den USA und Deutschland je sieben „Kampfpanzer 70" gebaut. Wegen ständig steigender Kosten und unterschiedlicher Auffassungen über die zu standardisierenden Baugruppen wie z.B. Motor und Waffe, wurde 1969 beschlossen, die gemeinsamen Projekte einzustellen. Von da ab ging die Entwicklung des LEOPARD 1 und später des LEOPARD 2 zügig weiter. Heute gehören die LEOPARD-Panzer zu fast allen Panzerverbänden der Bundeswehr und sind wegen ihrer Leistungsfähigkeit in aller Munde.

Das ist wohl auch der Grund dafür, daß diese beiden Panzer zu den am meisten nachgebauten Modellen gehören. Besonders die Nienburger Modellbaugruppe, von der am Anfang dieses Buches die Rede war, hat es sich zur Aufgabe gemacht, möglichst die gesamte LEOPARD-Familie als Modelle im Maßstab 1:7 nachzubauen. Fast ist es ihr gelungen, denn als bisher letztes und spektakulärstes Modell entstand der Brückenlegepanzer BIBER, ebenfalls im Maßstab 1:7, natürlich voll funktionsfähig. Wenn man bedenkt, daß bereits der Original-BIBER-Panzer ein technisches Wunderwerk darstellt, so ist die Leistung des Modellbauers Herrn Pratzek, besonders hervorzuheben. Mehr über den Brückenleger BIBER und das Modell erfahren Sie weiter hinten in diesem Buch.

Rechte Kette am M 48 A2 im Maßstab 1:10

Als ich hörte, daß Herr Pakolicz, Steuppestr. 7, 74389 Cleebronn, ein Modell des Panzers M 48 A2 im Maßstab 1:10 gebaut hat, interessierte ich mich sehr dafür und bat Herrn Pakolicz, mir Aufnahmen und einen kurzen Bericht über den Bau dieses Modells zu schicken, den ich nachfolgend wiedergebe:

„Mit dem Original des Panzers M 48 A2 kam ich erstmals im Jahre 1959 in Berührung. Mich faszinierte die komplizierte Form des M 48-Panzers. Außer der Kettenabdeckung gab es keine geraden Flächen, was den Nachbau sehr erschwerte.

Laufrollen, Stützrollen und Antriebskranz mit Kette des M 48 A2

Die Wanne wurde um ein Holzmodell herum gehämmert und gelötet, desgleichen der Turm. Als Material wurde hauptsächlich Alu und Messing verwendet. Mit Werkzeugen war ich damals noch nicht sehr gut bestückt. Benzinlötkolben, Blechscheren, Hammer etc. Dazu kam sehr viel Idealismus.

Im März 1963 war das Modell bis auf die Laufrollen und Ketten fertig. Bald darauf ergab sich die Gelegenheit, eine preisgünstige Drehbank zu erwerben und so konnte ich dann weiterarbeiten. Laufrollen und Stützrollen wurden gedreht. Mein größtes Problem waren die Ketten. Nach vielem Überlegen habe ich mich für Fahrradketten entschlossen, auf die ich Aluplatten schraubte. Diese Lösung war jedoch nicht gut, wie sich nachher herausstellte.

Angetrieben wurde das M 48-Modell mit einem 7 cm^3 2-Zylinder-Twin-Taplin Verbrennungsmotor, der auf ein Zahnradgetriebe arbeitete. Sehr zufriedenstellend war dieser Antrieb nicht, so wurde er wieder ausgebaut, und der Panzer diente weiter als Schaumodell. Das war der erste Bauabschnitt.

Erst im Jahre 1987 habe ich versucht, den M 48 aufzuarbeiten und auf den neuesten Stand zu bringen.

Da Leopardketten auch auf den M 48 passen, gab es keine größeren Probleme. Es mußten nur die auswechselbaren Laufpolster profilgefräst werden. Der Antriebskranz bekam eine 11er-Teilung (beim LEOPARD 12er-Teilung). Die Eigenart dieses Laufwerkes besteht darin, daß die erste Laufrolle mit dem Leitrad über einen Hebel verbunden ist. Fährt die erste Laufrolle über eine Erhöhung, drückt der Hebel das Leitrad nach vorne. Damit wird die Kettenspannung ausgeglichen. Das kleine Rad zwischen Zahnrad und letzter Laufrolle dient zum Spannen der Kette. Natürlich ist das Laufwerk gefedert. Der Turm läßt sich mit einem Elektromotor drehen, die Kanone senken und heben. Ein gefederter Rücklauf der Kanone ist vorhanden. Alle Luken können geöffnet, die Luftgrätings einzeln aufgeklappt werden. Als Hauptantrieb sind E-Motoren vorgesehen."

Abmessungen des Modells im M 1:10: Länge mit Rohr: 740 mm, Breite: 360 mm, Höhe: 300 mm.

Einige technische Daten des Originalpanzers:

Gewicht: 47 t, Motorleistung: 810 PS, Geschwindigkeit: 48 km/h, Fahrbereich: 250 km auf Straße, Besatzung: 4 Mann, Bewaffnung: 1 x 90-mm-Bordkanone, 2 x Maschinengewehre. Später wurde der M 48 mit einer 105-mm-Bordkanone ausgerüstet, wie sie auch beim LEOPARD 1 vorhanden ist.

LEOPARD 1 mit Tiefwatschacht (Foto: MaK)

10.1 Kampfpanzer LEOPARD 1 und 2

Wie bereits eingangs erwähnt, bestand die Erstausrüstung der Bundeswehr aus Panzern der US-Armee. Einer der Hauptgründe für die Entwicklung eines eigenen Panzers war, daß der M 47 durch Abnutzung seinen Wirkungsgrad verloren hatte und auch nicht mehr den Anforderungen der 60er Jahre entsprach. 1956 wurden daher Forderungen nach einem neuen, eigenen Kampfpanzer laut. Die Grundforderung nach hoher Beweglichkeit ging noch auf Guderians Einfluß zurück. Nachdem zunächst eine trilaterale Entwicklung zwischen den USA, Frankreich und Deutschland geplant war und bereits mehrere Prototypen in der Erprobung standen, legte man sich dann 1963 auf eine nationale Panzerfertigung fest. Der bisherige deutsche Standardpanzer wurde am 1.10.63 als Kampfpanzer LEOPARD vorgestellt. Am 9.9.65 verließ das erste Serienfahrzeug das Montageband der Krauss Maffei AG. Nach eingehender Erprobung der Fahrzeuge aus der Nullserie bekam die Industrie den Auftrag, zunächst 1845 und später nochmals 111 Kampfpanzer LEOPARD 1 zu bauen. Während der Produktion und auch später wurde stets an der Kampfwertsteigerung des Panzers gearbeitet, so daß es ab 1972 zur ersten Abwandlung des Grundmodells kam, welches nunmehr als „KPz LEOPARD 1 A1" bezeichnet wurde. Ständige Verbesserungen bewirkten, daß sich auch die Typenbezeichnung in die Varianten 1 A2 und 1 A3 änderten. So erhielt die Ausführung 1 A3 u.a. z.B. einen völlig neuen, geschweißten und langgestreckten Turm in Schottbauweise, gegenüber den Ausführungen 1 A1 und 1 A2, die mit einem Turm aus Stahlguß ausgerüstet waren. Von 1974 bis 1976 erfolgte dann die Auslieferung des letzten Bauloses des Kampfpanzers LEOPARD 1 an die Bundeswehr.

LEOPARD 1 A4 beim Durchfahren eines Gewässers (Foto: MaK)

Inzwischen meldeten einige NATO-Länder ihr Interesse am LEOPARD an. Nach eingehender Erprobung zweier Fahrzeuge durch die belgische Armee kam es 1965 aufgrund eines Regierungsbeschlusses zu einem Auftrag von 334 Kampfpanzern. Die Auslieferung dieser Panzer erfolgte in den Jahren 1968 bis 1971. Ende 1968 entschloß sich die holländische Regierung ebenfalls zum Ankauf von 400 Kampfpanzern LEOPARD 1 A1. 1968 erteilte das norwegische Verteidigungsministerium einen Auftrag über 78 Panzer und im Januar 1970 entschloß sich die italienische Regierung für die Einführung des Kampfpanzers LEOPARD. Italien war somit das vierte NATO-Land, das sein Heer auf dieses Waffensystem umrüstete. Später kamen die Länder Dänemark und Spanien noch zu den Interessenten hinzu. Dänemark bestellte nach eingehender Erprobung 120 Stück des Typs 1 A3. 1975 lag ein Auftrag des australischen Verteidigungsministeriums über 90 Fahrzeuge vor. Als weiteres NATO-Land entschloß sich Kanada, seine CENTURION-Bestände durch den LEOPARD 1 zu ersetzen. Im Rahmen der Militärhilfe erhielt das türkische Heer 77 LEOPARD 1-Kampfpanzer.

Nachdem Anfang 1970 die bilaterale Entwicklung des „Kampfpanzer 70" zwischen den USA und Deutschland gestoppt wurde, entschied der damalige Bundeskanzler Helmut Schmidt, daß eine eigene Panzerentwicklung, aufbauend auf der Experimentalentwicklung mit der Bezeichnung LEOPARD 2 durchzuführen sei. Damit war der Grundstein für den modernsten Panzer der Welt gelegt.

Da bedingt durch den Turm das Gewicht des neuen Panzers um 1,5 Tonnen über dem zulässigen Gefechtsgewicht lag, faßte man eine Verschmälerung der Turmform ins Auge. Zu diesem Zeitpunkt lag jedoch die Auswertung der ersten Erkenntnisse des 1973 ausgetragenen Nahost-Krieges vor, wonach sich die Frage stellte, ob es denn sinnvoll und zweckmäßig sei, an Gewicht zu sparen oder das Mehrgewicht einem verbesserten Panzerschutz zukommen zu lassen. Aus dem Jom Kippur-Krieg hatte man nämlich gelernt, daß Panzerschutz sehr wichtig war. Auf diesen Erfahrungen aufbauend, wurde der Panzerschutz beim LEOPARD 2 verbessert und ein neues Turmkonzept vorgestellt. 1973 gelangten die ersten LEOPARD 2-Prototypen in den Truppenversuch. Im Jahre 1975 nahmen vier LEOPARD 2-Panzer an einer Kälteerprobung bei -40° C in Camp Shilo in Kanada und an einer Hitzeerprobung bei +45° C auf der US-Erprobungsstelle Yuma in Arizona teil.

Als Waffe war zunächst eine 105 mm-Kanone vorgesehen, die später durch die 120 mm-Kanone ersetzt wurde. Im September 1977 wurde der LEOPARD 2, der jetzt die Bezeichnung 2AV trug, der Öffentlichkeit vorgestellt. Danach fiel die Entscheidung des Bundesministers der Verteidigung, 1800 Kampfpanzer LEOPARD 2 zu beschaffen. Zwischenzeitlich auftretende Erkenntnisse wurden in die laufende Serie eingebracht.

Einige technische Daten der Kampfpanzer LEOPARD 1 und 2

	LEOPARD 1	LEOPARD 2
Länge mit Rohr:	9,09 m	9,61 m
Breite:	3,15 m	3,42 m
Höhe:	2,27 m	2,76 m
Gefechtsgewicht:	34,8 t	55,2 t
Leistung:	610 kW (830 PS)	786 kW (1150 PS)
Geschwindigkeit:	60 km/h	72 km/h
Besatzung:	4 Mann	4 Mann
Bewaffnung:	1 – 105 mm-Kanone	1 – 120 mm-Kanone
	2 – MG 7,62 mm	2 – MG 7,62 mm

LEOPARD 2 im Gelände (Foto: MaK)

LEOPARD 2 mit Tauchschacht

Kampfpanzer LEOPARD 2

Änderungen beim Kampfpanzer LEOPARD 2 A5 gegenüber seinem Vorgänger LEOPARD 2 A4:

Im Fahrgestellbereich wurde die Schwenkluke des Fahrers durch eine Schiebeluke ersetzt. Beiderseits dieser Schiebeluke ist ein Beschußkragen angebracht. Bei den Laufrollen wurden die Nabendeckel (bisher aus Aluminium) durch Panzerstahl ersetzt. Geändert wurden auch die leichten Kettenblenden, die nun mit

Kampfpanzer LEOPARD 2 A5

Das Heck des Kampfpanzers LEOPARD 2 A5. Unterhalb des Turms, knapp oberhalb der Auspuffgräting, ist die Rückfahrkamera zu sehen

einem neuen Aufstieg versehen sind. Am Fahrzeugheck ist eine Kamera als Rückfahrhilfe für den Fahrer angebaut. Die Bildübertragung erfolgt auf einen Monitor im Fahrerraum. Im vorderen Teil des Fahrgestells wurde die Drehstabfederung vergrößert. Vor dem Beschußkragen ist eine Halterung für Tarnstangen angebracht.

Wesentliche Änderungen erfolgten auch im Turmbereich. Durch Anbringung von Schutzmodulen an der Turmfront und der Turmseite hat man die Panzerung verbessert. Die Auskleidung des Turmes erfolgte mit LINER-Platten aus Glasfaser-Kunststoff. Das Periskop des Kommandanten wurde versetzt und mit externem WBG (TIM) ausgestattet. Eine Videoumschaltung für den Kommandanten von TIM auf HZE durch die Anbringung einer CCD-Kamera am Einblick-HZF wurde vorgesehen.

Der bisherige hydraulische Turm- und Waffenantrieb wurde durch einen elektrischen Antrieb ersetzt. Neu eingebaut ist auch eine Fahrzeugnavigationsanlage.

Die Hydraulikflüssigkeiten in den Rohrbremsen wurden gegen nichtbrennbare Flüssigkeiten ausgetauscht.

Alle diese den Kampfwert des Panzers steigernden Maßnahmen haben dazu geführt, daß das Gewicht des LEOPARD 2 A5 um ca. 5 Tonnen zugenommen hat. Sein Gefechtsgewicht beträgt nun 59,5 Tonnen.

Bei Modellbauern sind die beiden Kampfpanzertypen LEOPARD 1 und 2 beliebte Nachbauobjekte. Sie werden meistens in den Maßstäben 1:10, 1:8 und 1:7 mit allen Details und voll funktionsfähig nachgebaut.

Josef Göbel, Hünenburgstraße 32, aus 59872 Meschede baute den Sattelzug SLT 50-2 ELEFANT der Bundeswehr, der zum Transport von Panzerfahrzeugen eingesetzt wird. Das Modell entstand in einer Bauzeit von 11 Jahren im Maßstab 1:10. Etwa 10 000 Arbeitsstunden waren erforderlich. Die Details wurden von Herrn Göbel so exakt vorbildgetreu nachgebaut, daß das Panzertransportfahrzeug kaum vom Original zu unterscheiden ist.

Über die Fernsteuerung lassen sich folgende Funktionen ausführen:

- Antrieb 24-Volt-Elektromotor, Fahrtregler vor und zurück
- Aufliegerachsen sind hydraulisch lenkbar
- Zweibein ein- und ausfahrbar
- Rampen aus- und einfahrbar (auch Bahnverladung)
- Originalfahrgeräusch vom Band
- Hupe, Beleuchtung und Rundumleuchte
- Auf- und Absatteln des transportierten Fahrzeuges
- Rauchentwicklung beim Fahren

Herr Göbel hat allerdings nicht nur den ELEFANT, sondern auch einen LEOPARD 1 A4 im Maßstab 1:10 gebaut. Wie Herr Göbel schreibt, ist das Modell in Ganzmetallausführung in einer Bauzeit von ca. 3000 Arbeitsstunden entstanden. Als

Der Sattelzug SLT 50-2 mit LEOPARD 1 A4

Sattelschlepper SLT 50-2

Vorbild diente das Tamiya-Panzermodell im Maßstab 1:16. Angetrieben wird der LEOPARD von zwei Elektromotoren mit einer Betriebsspannung von 24 Volt. Das echte Motorgeräusch eines LEOPARD-Panzers wurde auf Tonband aufgenommen und kann während der Fahrt über einen 10-Watt-Verstärker hörbar gemacht werden. Der Turm ist drehbar ausgeführt, die Kanone läßt sich heben und sen-

Blick auf den Schwanenhals des Sattelzuges

ken. Geschossen wird mit Platzpatronen (wahlweise: 9 mm Einzelschuß, 8 mm 7 Schuß oder 6-mm-Leuchtpatronen). Vor jedem Schuß wird automatisch ein Fotoblitz ausgelöst, der optisch das Mündungsfeuer simuliert. Auch das Turmperiskop ist drehbar ausgeführt, die Fahrzeugbeleuchtung, eine Hupe und ein Rundumwarnlicht lassen sich über Fernsteuerung ein- und wieder ausschalten.

Auch **Herr Ronald Neumann, Schulstraße 12, 96193 Wachenroth,** schrieb mir, daß er einen LEOPARD 1 im Maßstab 1:10 gebaut hat. Hier sein Bericht:

„Seit meiner Jugend träumte ich schon immer von einem großen ferngesteuerten Panzermodell. Zunächst kaufte ich mir einen Plastikbaukasten im Maßstab 1:35, und los ging es mit dem Abnehmen der Maße und Herstellen der Zeichnungen im Maßstab 1:10.

Gebaut habe ich mein Modell komplett aus Aluminium, teilweise aus Messing. Fünfzig Prozent der Alu-Arbeiten wurden geschweißt, der Rest geschraubt.

Ein weiteres Modell, den LEOPARD 2, habe ich schon begonnen zu bauen, danach soll ein Panzertransporter SLT folgen, aber alles zu seiner Zeit. Gott sei dank gibt es ja einige Teile für Panzermodelle im Maßstab 1:10 zu kaufen, die man ohne Maschinen gar nicht selbst anfertigen könnte. So verwende ich die Ketten und das Getriebe von der Firma Veroma. Ein elektronischer Motorgeräuschgenerator rundet das Ganze im Klang noch ab. Von einer Lackierung möchte ich im Moment noch absehen, da mir mein Modell ohne Farbe sehr gut gefällt. Man kann alles genau sehen, auch daß der Bolzenschneider funktionsfähig ist. Schießen soll mein Modell später auch noch, doch im Augenblick weiß

Modell LEOPARD 1 A4 im Maßstab 1:10 von Herrn Ronald Neumann ohne Lackierung

ich noch nicht, wie ich es mache, aber es eilt ja nicht. Bisher habe ich über 2 Jahre an meinem Modell gearbeitet, da machen einige Monate mehr nichts aus."

Wie mir Herr Neumann noch weiter mitteilte, ist er gerne bereit, telefonisch Tips für den Nachbau eines LEOPARD 1 zu geben. Hier seine Telefonnummer: 09548/6030.

Details am Panzermodell LEOPARD 1 A3 im Maßstab 1:16 in Metallbauweise

Herr **Paul Walter, in der Kohldell 12, 66386 St. Ingbert,** siehe auch Seite 142, schrieb mir, daß er nach vielen Jahren, die er dem Schiffsmodellbau gewidmet hatte, ein neues Interessengebiet gefunden hat. Ihn reizte die Technik des Kettenfahrzeug-Modellbaus, und so baute er als erstes Modell den LEOPARD 1 A3 im Maßstab 1:16 nach einem Tamiya-Modell im Maßstab 1:35. Wie üblich wurden die Abmessungen vom Modell im Maßstab 1:35 auf den Maßstab 1:16 umgerechnet. Das gesamte Fahrzeug wurde aus 2 mm starkem Aluminiumblech (hart) und in einigen Bereichen der Wanne aus 3 und 4 mm starkem Alublech gebaut. Die Teile sind teils geschraubt, teils metallgeklebt. Viele Gewinde (1,4 und 2 mm) mußten geschnitten werden. Alle Teile wurden selbst angefertigt, lediglich die

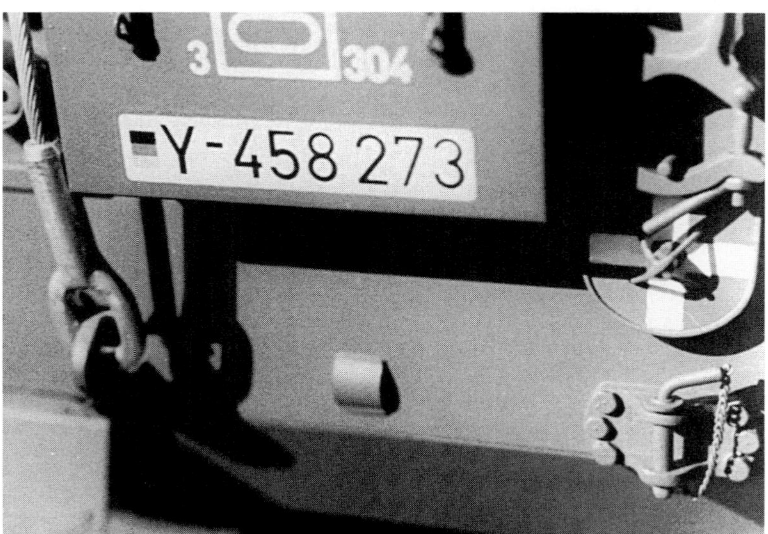

Die Turmdrehmechanik beim Panzermodell LEOPARD 1 A3 im Maßstab 1:16, deutlich sind die Kontakte und die Schleifringe zu sehen

Laufrollen, Leit- und Kettenräder sowie die Ketten selbst entstammen dem Tamiya-Bausatz im Maßstab 1:16. Die Laufräder wurden mit Messing-Laufbuchsen versehen, alle Schwingarme aus Aluminium gefräst und in der Wannenwand in Messing gelagert. Der Turm ist um 360° drehbar, alle elektrischen Verbindungen laufen über Schleifkontakte. Es war nicht ganz einfach, die Schaltelemente und Bauteile im Turm (M 1:16) unterzubringen, zumal das Ding mit 6-mm-Platzpatronen schießen sollte.

Zum Bau der Dreh- und Frästeile stand Herrn Walter eine Unimat 3 zur Verfügung. Nur der Turmdrehring, an dessen Innenfläche das Reibrad für die Turmdrehmechanik läuft, wurde wegen seiner Abmessungen von einem Bekannten angefertigt. Die Bauzeit des Modells betrug ca. 1 $^1/_2$ Jahre (reine Bauzeit).

Abmessungen des Modells: Länge = 44 cm (nur Chassis), Länge über alles mit Kanone in 12-Uhr-Stellung = 59 cm, Breite = 22 cm, Höhe = 17 cm, Gewicht = 6,5 kg.

Einer der engagiertesten Panzermodellbauer und Sammler von Panzermodellen ist Herr **Wolfgang Williges, Verdener Landstraße 20 aus 31582 Nienburg.** Er ist auch der Leiter der Nienburger Modellbaugruppe. Seine Panzermodelle haben es technisch gesehen in sich. Hier einige Details zum Innenleben eines seiner vielen im Maßstab 1:7 gebauten LEOPARD-Modelle.

Der Antrieb des LEOPARD 1 A4 Modells erfolgt durch zwei 24-Volt-Lüftermotoren (750 W). Der Turm ist aus Aluminium gefertigt und um 360 Grad drehbar. Die Kanone ist voll funktionsfähig, geschossen wird mit Schreckschußmunition. Nach jedem Schuß erfolgt ein Messinghülsenauswurf, womit der Kartuschenauswurf beim echten Panzer nachvollzogen wird. Die Schießanlage ist voll im Turm integriert. Das Rohr läßt sich von -7° bis +13° heben und senken, das Periskop im Turm ist drehbar ausgeführt. Um die Technik im Turm überprüfen und warten zu können, wurde eine eigene Stromversorgung vorgesehen. Ein Motor- und MG-Geräuschgenerator sind ebenfalls vorhanden. Die Geräusche werden von einem 25-Watt-Verstärker verstärkt und über einen Lautsprecher abgestrahlt.

Wie weit es mit der Technik bei einem Modell getrieben werden kann, um es dem Vorbild genau nachzumachen, demonstriert Herr Williges an seinem LEOPARD 2-Modell, ebenfalls im Maßstab 1:7 gebaut.

Die Kanone ist stabilisiert, bei jeder Bewegung des Panzermodells reagiert ein Kreisel und steuert den Nickbewegungen entgegen, wenn das Panzermodell z. B. über unebenes Gelände fährt. Weiter wurde ein Laserstrahl-Zielmarkierer eingebaut. Dabei handelt es sich um einen Entfernungsmesser der Firma Bühler-Elektronik, der mit einer Gleichspannung von 2000 Volt arbeitet. Diese Gleichspannung wird über einen Spannungswandler aus der 24-Volt-Turmspannung erzeugt. Nachdem der Laserstrahl durch Drehen des Turmes auf das Ziel ausgerichtet und die Kanone anschließend in die entsprechende Höhenstellung gebracht wurde,

Die beiden Antriebsmotoren mit Getriebe im LEOPARD 2-Modell von Herrn Williges

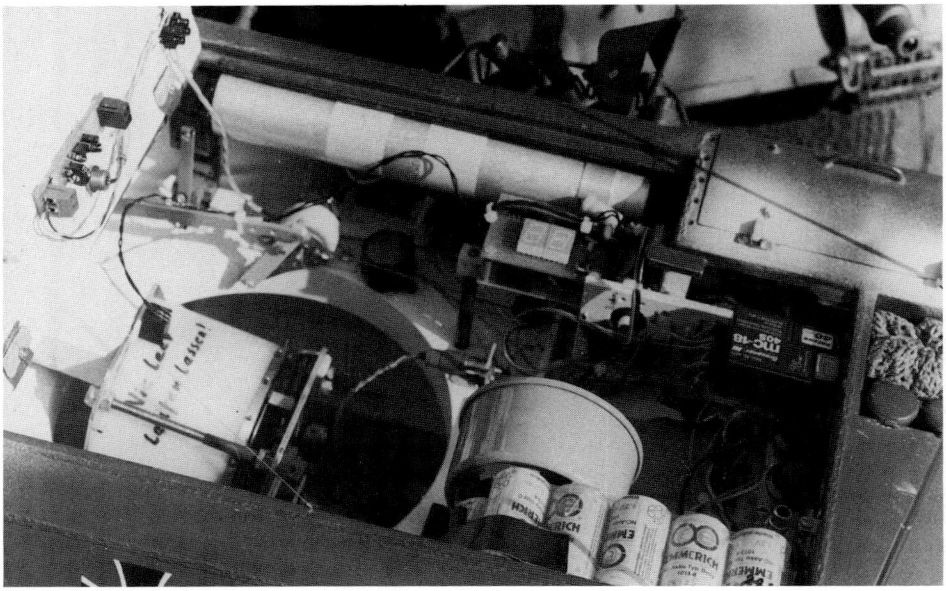

Ein Blick in den Turm

wird der Schuß ausgelöst. Beim Weiterfahren des Modells sorgt der Kreisel bei jeder abweichenden Bewegung des Panzermodells dafür, daß das Kanonenrohr stets in Zielrichtung ausgerichtet bleibt, genau wie beim echten LEOPARD 2-Kampfpanzer.

Es ist nicht verwunderlich, daß Herr Williges und seine Mannen bei ihren Panzermodellen stets etwas verbessern und Neues hinzufügen. So wurde in letzter Zeit ein LEOPARD 1 A4-Panzermodell im Maßstab 1:7 total umgerüstet und modernisiert. Es bekam eine 15 mm-Glattrohrkanone mit einem Schießautomaten für Raketengeschosse mit einer Verbrauchsanzeige, die jeden Schuß über einen Infrarotsensor zählt. Wenn 15 Schuß verschossen sind, ertönt ein Signal, daß das Magazin leergeschossen ist. Weiter wurde ein Weißlichtzielscheinwerfer und ein elektronisches MG mit Verstärker eingebaut. Da das Panzermodell auch nachts gefahren und gesteuert werden kann, wurde ein Restlichtverstärker eingebaut. Alles was der Panzer „sieht“, meldet er dem Kommandanten (Puppe), in dessen Körper sich die Infrarotkamera befindet. Weiter wurde ein Videosender im Modell eingesetzt, so daß das von der Kamera aufgenommene Signal auf einem Monitor sichtbar gemacht werden kann. Um die Sache ganz perfekt zu machen, ist zusätzlich noch ein Mini-Tonbandgerät vorgesehen, von dem die vorher bei einem echten Schießen eines LEOPARD-Panzers aufgenommenen Befehle ertönen. Dazu kann man nur sagen: High Tech beim Modellpanzerbau!

Herr **Heinz Pittermutz, Obere Wanne 14, aus 72160 Horb,** baute einen LEOPARD 1 A4 im Maßstab 1:8. Turm und Wanne wurden aus 2 mm starkem Aluminiumblech, die Laufrollen aus Vollaluminium hergestellt. Das Gewicht des Modells beträgt ca. 26 kg. Abmessungen: Länge mit Rohr: 1,1 m; Breite: 0,4 m; Höhe: 0,33 m.

Es ist schon erstaunlich, was in einem Panzermodell im Maßstab 1:7 für eine Technik steckt, mechanisch, elektrisch und elektronisch gesehen. Zugegeben, in Wanne und Turm ist reichlich Platz vorhanden, um Motoren, Getriebe, Geräte,

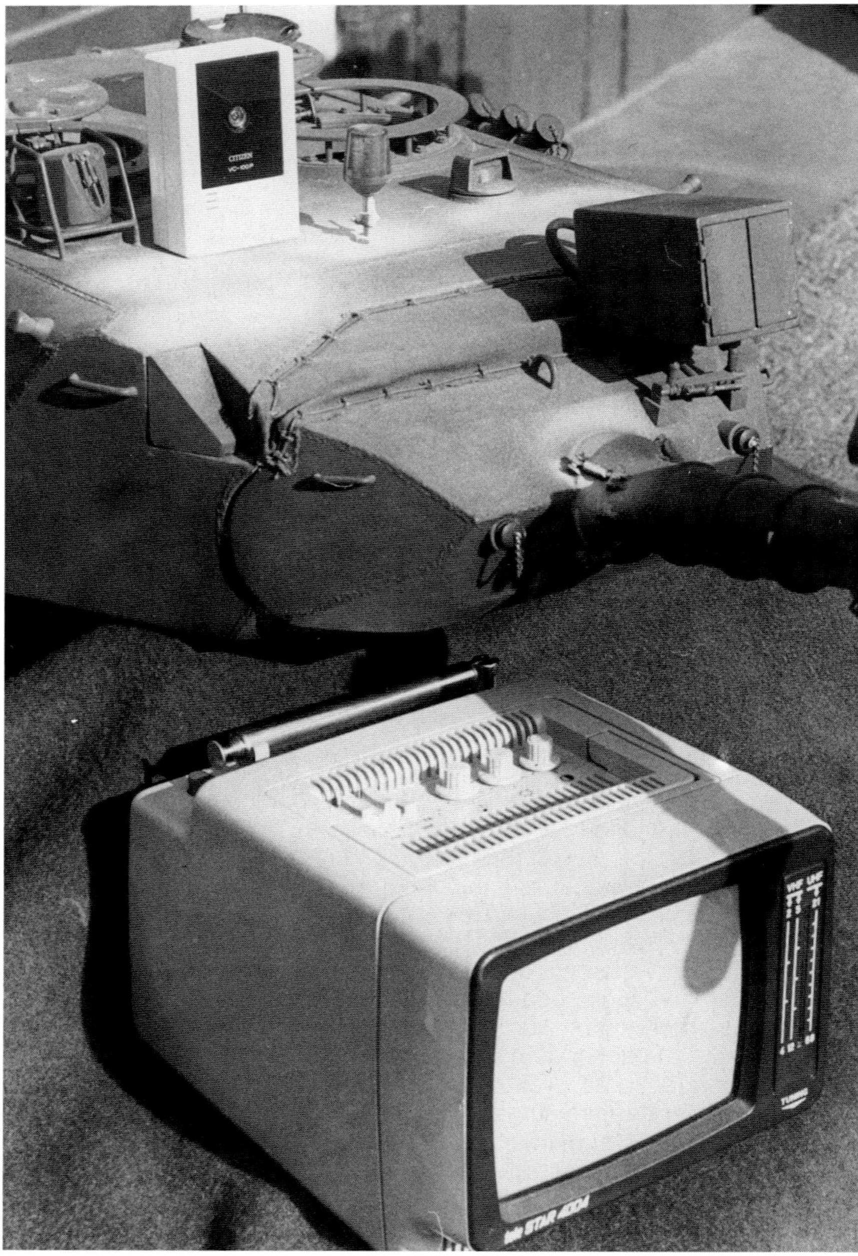

Sensorkamera am Turm (ist sonst in die Kommandantenpuppe eingebaut) und Monitor zum Sichtbarmachen der Signale

elektronische Schaltungen und Akkus unterzubringen, denn die Modelle haben ja eine Länge von ca. einem Meter, eine Breite von 0,4 Metern und ein Gewicht von 50 bis 80 kg. Doch wer da meint, daß sich diese Technik nur in einem Modell dieser Größe verwirklichen läßt, der irrt.

Gesamtansicht des LEOPARD 1-Modells von Herrn Pitermutz

Antriebskranz und Kette beim Modell von Herrn Pitermutz

Auch Herr **Heinrich Schultz, Lüder-Wose-Str. 46, 29221 Celle**, hat in einer Bauzeit von ca. 3 Jahren ein Modell des LEOPARD 2 im Maßstab 1:8 in Aluminium-Plattenbauweise erstellt.

„Als mein Entschluß feststand, ein Modell des LEOPARD 2 zu bauen, sichtete ich alle mir zur Verfügung stehenden Bücher und Bilder über diesen Panzertyp. Bald stellte ich jedoch fest, daß ich mit der Arbeit nicht so recht vorankam. Daraufhin sprach ich mit meinem ehemaligen Kompaniechef und erzählte ihm von meinem Vorhaben (ich war in der Bundeswehr in einer Waffeninstandsetzungs-Kompanie tätig). Ich erhielt die Erlaubnis, einen Originalpanzer zu vermessen und zu fotografieren.

Danach skizzierte ich die einzelnen Bauteile und machte mir Gedanken über die Herstellung der Teile unter Verwendung der mir zur Verfügung stehenden Maschinen. Ich bin Werzeugmachermeister und habe die Möglichkeit, nach Feierabend in der Werkstatt zu arbeiten. Nach und nach wurden ca. 280 Zeichnungen angefertigt, in der Zwischenzeit hatte ich mir durch Beziehungen zu Firmen und Schrotthändlern das Rohmaterial besorgt. Nun begann ich mit dem Bau des Modells.

Die Wannenteile, der Wannenaufbau und der Turm wurden verschraubt und geklebt, die Laufrollen aus Aluminium gefertigt und die Gummiringe aus schwarzem PVC-Rohr warm aufgezogen. Jede Laufrolle ist an einem Schwingarm befestigt und dieser ist wiederum mit einem Drehstab verbunden, also genau wie beim Original. Mit Hilfe eines selbstkonstruierten Kettenspanners, der auf das

LEOPARD 2-Modell von Herrn Schultz, zwei Laufrollen sind zu Demonstrationszwecken abgenommen

Leitrad wirkt, läßt sich die Kette spannen. Die Ketten bestehen aus insgesamt 150 PVC-Kettengliedern sowie 6 Fahrradketten. Die Mittelführungsstege sind aus Aluminium gefertigt. Die Herstellung der Ketten war die stumpfsinnigste Arbeit am ganzen Bau, da natürlich immer wieder dieselben Arbeitsgänge verrichtet werden mußten.

Sämtliche Zurüstteile wurden in Handarbeit, das Fla-Maschinengewehr aus Zinkguß hergestellt. Das Modell erhielt den Original-Tarnanstrich.

Als Erstantrieb waren zwei Elektromotoren (Scheibenwischer) eingebaut, die ich jedoch wegen ihrer sehr hohen Stromaufnahme bald wieder entfernte. Nun habe ich einen Kettensägenmotor vorgesehen, der über ein 2-Gang-Schalt- und Lenkgetriebe (Eigenbau) die Ketten antreibt. Weiterhin ist noch der Einbau einer Schießanlage geplant."

Abmessungen des Modells:

Länge: 119 cm

Breit: 42 cm

Höhe: 35 cm

Gewicht: 55 kg

Einen Kampfpanzer LEOPARD 2 A5 baute Herr **Andreas Wulf, Dornbreite 7 m, 23556 Lübeck, Tel/Fax 0451/494245**.

„Der LEOPARD 2 A5 faszinierte mich schon lange, und der Wunsch, ein Modell im Maßstab 1:10 zu bauen, wurde bei mir immer größer. Leider bin ich nicht im Besitz einer gut ausgerüsteten Werkstatt mit hochwertigen Werkzeugen. Da kam mir der Kontakt zu Herrn Peter Müller in Alfeld sehr gelegen. Schnell stand der Entschluß fest, einen Bausatz von ihm zu kaufen (siehe Herstellerverzeichnis in diesem Buch). Gleich vorneweg: Der Bausatz war in einer hervorragenden Qualität gefertigt und läßt sich mit normalem, handelsüblichem Werkzeug montieren.

Als erstes wurde die Aluminiumwanne montiert, die Schwingarmlager eingeschraubt und die Halter für die Kettenschürzen befestigt. Anschließend habe ich die Stoßdämpfer zusammengebaut und an die Wanne geschraubt. Danach wurden die Stütztrollen befestigt, die Laufrollen montiert und auf die Schwingarmlager gesetzt. Wichtig ist es, die Gleitlager leicht zu schmieren. Nun wurde das gesamte Fahrwerk montiert und auf Funktion überprüft. Für die Spachtel- und Lackierarbeiten wurde das Fahrwerk dann wieder demontiert.

Den rutschfesten Belag auf dem Turm und auf der Wanne fertigte ich aus 180er Schleifpapier, welches ich mit UHU-Endfest aufklebte. Mit Hilfe von sehr guten Originalaufnahmen vom großen LEO konnte jetzt die Detaillierung vorgenommen werden. Abweichend vom Bausatz fertigte ich das Hauptzielgerät EMS 15 selber und stellte die Schutzklappen funktionsfähig her. Ebenso wurde das Kanonenrohr vorne mit dem Feldjustierspiegel versehen.

Danach habe ich die Kette zusammengesetzt, sie besteht auf jeder Seite aus 70 Kettengliedern. Jeweils zwei Kettenbolzen werden in einen Endverbinder gepreßt, danach schiebt man die Kettenglieder auf. Anschließend wird der andere Endverbinder aufgepreßt. Man sollte auf die Leichtgängigkeit der Kettenglieder

Kampfpanzer LEOPARD 2 A5 im Maßstab 1:10 von Herrn Wulf

achten und die Endverbinder mit Spezialkleber vor dem Abrutschen sichern. Nun wurde der Turm fertig montiert, in das Hilfszielrohr baute ich einen Laser zur Zieldarstellung ein.

Zur Lackierung verwendete ich Farben von der Firma Revell, diese lassen sich problemlos mit der Airbrush verarbeiten. Das Tarnmuster habe ich mit Hilfe einer Schablone übertragen, nach dem Lackieren wurden dann noch die Kleinteile wie Schneegreifer, Ersatzkettenglieder, Spiegel usw. aufgeklebt.

Das Modell von Herrn Wulf im Gelände

Für den Antrieb dienen zwei Marx GT300, die auf ein Getriebe arbeiten und 27:1 untersetzt sind. Damit entwickelt das Modell eine sehr hohe Zugkraft. Die Motoren werden durch einen Drehzahlsteller FR122/3 von Herrn Rammerstorfer geregelt (siehe Herstellerverzeichnis). Natürlich mußte auch der Originalsound in das Modell, dies realisierte ich mit dem digitalen Soundmodul von Herrn Reschke und einem 30-W-Breitbandlautsprecher. Selbstverständlich funktioniert auch die Beleuchtung mit Hauptscheinwerfern, Rück- und Bremslicht sowie die Richtungsblinker.

Der Turm wird durch einen Getriebemotor gedreht, ebenso kann die Waffe gehoben und gesenkt werden. Die 120 mm Kanone hat eine Abschußanlage für 10 Schuß 9,17 mm-Platzpatronen, momentan bin ich dabei, die Nebelmittelwurfanlage funktionsfähig zu gestalten.

Abmessungen des Modells:

Länge: 86 cm

Breite: 37,4 cm

Höhe: 30 cm

Gewicht: 30 kg

Fahrantrieb: 2 x 12 V, 300 Watt

Stromversorgung: 12 V/12-Ah-Blei-Akkus

Herr **Peter Thomsen, Ratiborweg 26 aus 22043 Hamburg,** hat den Gegenbeweis erbracht und mit seinem im Maßstab 1:16 aus einem Tamiya-Bausatz gebauten LEOPARD 1 A4 gezeigt, daß man selbst in diesem kleinen Maßstab ein Panzermodell bauen kann, welches, was Leistung und Technik betrifft, den großen Modellen in keiner Weise nachsteht. Für Herrn Thomsen war es auch kein Problem, selbst die Kanone schießfähig auszuführen. Wie ich von Herrn Thomsen erfuhr, hat er in sein Modell etwa 3600 Arbeitsstunden und DM 12000,– (incl. Werkzeug etc.) investiert. Dieser Betrag erscheint zunächst für ein Modell dieser Größe als zu hoch. Wer jedoch das Modell und vor allem die Einbauten und die Technik gesehen hat, die sich darin befinden, dem wird sofort klar, daß hier ein Techniker ein nicht alltägliches Modell geschaffen hat, weshalb ich nachfolgend Herrn Thomsen selbst über den Bau und die Technik seines Modells mit eigenen Worten berichten lasse:

„Karosserie und Antrieb sind im wesentlichen unverändert, allerdings mit einigen Ertüchtigungsmaßnahmen, um die Standzeit zu verlängern, die beim Tamiya-Bausatz zu wünschen übrig läßt. Nach eigenen Plänen wurden hinzugefügt: stufenlose Geschwindigkeitsregelung für Antrieb, Richtmechanik für Turm nach Seite und Höhe, funktionsfähige Kanone und realistisch wirkende Zweitwaffe, Zielscheinwerfer mit Türen, akustische und optische Effekte und Fernsteuerung für das Ganze, obwohl in der Anleitung festgestellt wird, der einfache Bausatz sei „für Fernsteuerung ungeeignet“. Wichtig war mir eine Modul-Bauweise, die den schnellen Ausbau von Baugruppen erlaubt. So kann ich sämtliche Baugruppen, etwa Turm, Batterie oder Antrieb mit wenigen Handgriffen ausbauen, außerhalb mit Mehrfachsteckern elektrisch wieder zusammenfügen und somit zu Testzwekken außerhalb des Panzers betreiben. Hilfreich hierbei waren meine Ausbildung als Maschinenbau-Ingenieur und ein militärischer Background. Im einzelnen bin ich folgendermaßen verfahren:

Antrieb: Serienmäßige Motoren vom Typ Mabuchi RS 360 habe ich gegen leistungsfähigere Motoren RS 380 S ausgetauscht. Diese passen rein, obwohl sie länger sind, und bringen mehr Steigvermögen. Immerhin ist mein LEOPARD mittlerweile auf 3,5 Kilogramm Lebendgewicht angewachsen.

Blick in die mit elektronischen Geräten bestückte Wanne des LEOPARD 1A4-Modells im M 1:16 von Herrn Thomsen

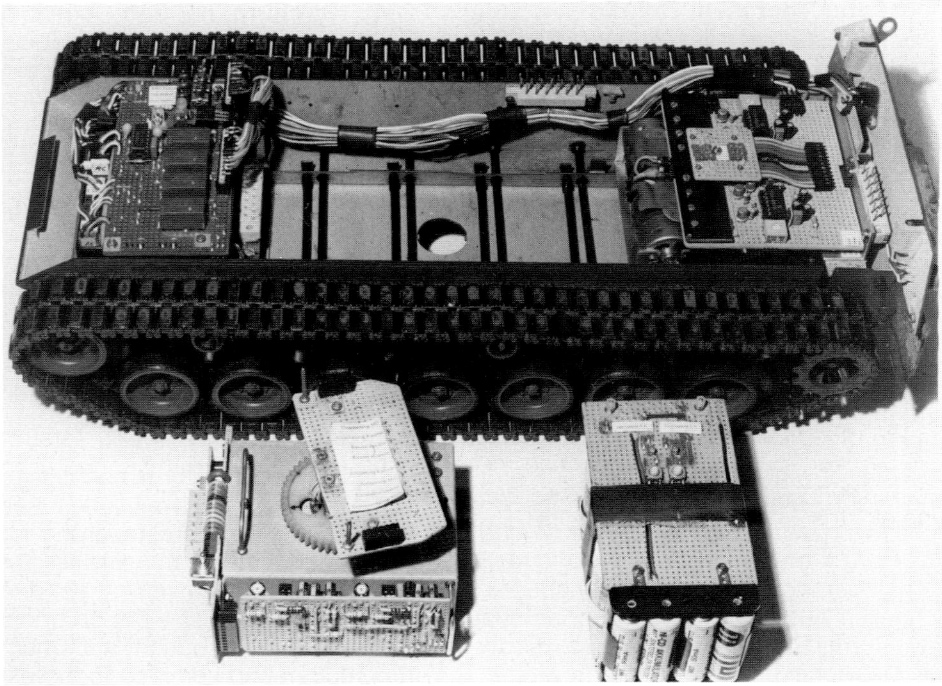

Die einzelnen Geräte sind als herausnehmbare Baugruppen aufgebaut

Gleichfalls wegen gestiegenen Gewichts entlaste ich die serienmäßigen Federstäbe aus Kunststoff, indem ich „außer Dienst“ den Panzer mit dem Fahrzeugboden auf Holzklötze aufbocke, so daß die Laufrollen frei in der Luft hängen.

Da die Verarbeitungsqualität des Grundmodells offenbar nicht für einen längeren Betrieb gedacht war, mußten am Antrieb mehrere Verschleißteile nachgebessert, verstärkt oder ausgewechselt werden. Plastik-Zahnräder rissen radial ein und fielen unter Last in Stücke, weil sie zu stramm auf ihre Metallnabe gepreßt worden waren. Antriebsrollen mußten mit Zwei-Komponenten-Kleber und Blechkappen gehärtet werden, damit die Innen-Sechskants, in die die Antriebswellen eingreifen, nicht mehr ausbrechen. Antriebsrollen mußten mit Schrauben auf ihren Wellen fixiert werden, damit sie bei Kurvenfahrt nicht mehr ablaufen.

Käufliche elektronische Fahrtregler für Geschwindigkeitsregelung erfüllten nicht meine Wünsche. Ich habe einen handelsüblichen Fahrtregler (Redo 136) in doppelter Ausführung (für Antrieb links und rechts) auf einer gemeinsamen Platine neu aufgebaut und konnte dadurch elektrische Trennstellen und Zuführungen endlich da plazieren, wo ich sie haben wollte. Durch extrem flache Bauweise (Transistoren flach auf Platine gelötet) konnte ich den Doppel-Fahrtregler über dem Doppel-Getriebe unterbringen. Kühlbleche für Leistungstransistoren sind bei dieser Leistung (zusammen 50 Watt) empfehlenswert.

Turm: Turmlagerung und Seitenrichtgetriebe mit Getriebemotor aus Servo in U-förmigem Alu-Kasten platzsparend zusammengefaßt. Dazu elf Schleifringe (mehr passen nicht hinein), die unbegrenztes Drehen des Turmes ermöglichen. Die Schleifringe sind hergestellt aus Bullaugen von Schiffsmodellen, deren Glas ich herausgebrochen habe. Die Schleifer sind Haarnadeln aus Messing, damit sich ein Kabel anlöten läßt. Elf dieser Schleifringe sind mit Zwei-Komponenten-Kleber auf ein Kunststoff-Rohr aufgereiht, damit die Ringe untereinander elektrisch isoliert sind. Ein zentrales Kugellager mit 30 mm Außendurchmesser trägt den Turmoberteil. Das Höhenrichtgetriebe ist vom Typ Schraubenspindel mit Endschaltern im Turmoberteil. Ganz raffiniert: Die Endschalter sind per Schraubendreher zu justieren. Sowohl Seitenrichtung als auch Höhenrichtung sind über Fahrtregler stufenlos zu regeln.

Kanone: Fast 30 cm langes Alu-Rohr, aus dem mit Schwarzpulver richtige Projektile verschossen werden. Als Projektile dienen 9-mm-Geschosse aus Hart-Plastik, die von der Firma Speer (USA) als Revolver-Geschosse für dort populäres „Zimmerschießen" produziert werden. Sie entsprechen im Maßstab 1:16 ziemlich genau dem 105-mm-Kaliber des originalen LEOPARD 1. Das Kanonenrohr ist nur über die Patrone mit dem „Verschluß" verbunden, der aus einer schlichten Lampenfassung E10 besteht. Dies ist zwar eine etwas gewagte Konstruktion, die sich jedoch bewährt hat.

Wegen mangelnder Festigkeit des ganzen Fahrzeugs (im wesentlichen Kunststoff und ein wenig Alu-Blech), kam eine mechanische Abfeuerung der Kanone über das herkömmliche System mit Schlagbolzen und Zündhütchen nicht in Frage. Eine elektrische Zündung (wie beim Original) hatte Priorität, weil sie kräftefrei ausgelöst wird. Realisiert wurde sie mit elektrischen Gasanzünder-Patronen, wie sie in altmodischen Küchen gebräuchlich und in Haushaltswaren-Geschäften erhältlich sind (Stück zwei Mark). Diese Blechgebilde mit Schraubgewinde E10 sehen aus wie Taschenlampen-Birnchen ohne Glas. Eine offene Glühwendel glüht bei Anschluß von 3 Volt hellrot, was zur Zündung von Schießpulver sicher ausreicht. Eine Mehrfachverwendung ist möglich.

Die Patrone wird mit Tesafilm abgedichtet, mit Schwarzpulver gefüllt und durch beidseitiges Klebeband mit dem Speer-Geschoß verbunden. Die richtige Pulvermenge muß experimentell ermittelt und dann gleichmäßig eingehalten werden.

Blick in den Turm mit der Schießanlage beim Modell von Herrn Thomsen

Ich habe mit der Füllmenge von zwei Patronenhülsen des Kalibers 22 short gute Erfahrungen gemacht. Falls die Patrone von Pulver nicht völlig ausgefüllt wird (wie bei meiner Konstruktion) muß der Leerraum anderweitig aufgefüllt werden, damit das Pulver nicht aus dem Bereich der Glühwendel entschwinden kann. Zum Auffüllen eignet sich verflüssigtes Kerzenwachs. Malt man die Patrönchen zum Schluß olivgrün an, sehen sie ungeheuer gefährlich aus. Tatsächlich müssen sie sorgsam aufbewahrt werden, nicht nur wegen der Feuergefährlichkeit, sondern auch wegen der wenig belastbaren Verbindung Geschoß/Patrone. Dafür hat sich ein hölzerner Griffelkasten bewährt.

Im Bereich des größten Gasdrucks, also am Bodenstück, habe ich das Kanonenrohr mit aufgeschobenem Messingrohr verstärkt, um bzgl. Gasdruck kein Risiko einzugehen. „Mantelrohr" heißt diese Technik beim Militär. Die Verbindung durch Zwei-Komponenten-Kleber hat sich als ausreichend erwiesen.

Wieder mit Rücksicht auf die filigrane Struktur des Panzer-Modells habe ich eine Rücklauf-Bremse eingebaut, um den (beachtlichen) Rückstoß der Kanone gleichmäßig in die Turm-Struktur einzuleiten. Das Kanonenrohr wird in einer Alu-Schiene vom Rückstoß nach hinten getrieben und danach von Federn wieder nach vorn gedrückt (wie beim Original). Anfangs lief die Kanone gegen zu schwache Federn (aus Kugelschreibern) allzu stürmisch nach hinten und richtete im Turm Verwüstungen an. Diese Federn müssen bemerkenswert kräftig sein. Da der Rückstoß nicht beobachtet werden kann, muß er mit pfiffigen Schleppzeigern gemessen werden, das erfordert einige Testschüsse.

Das Ganze ergibt einen einschüssigen Hinterlader – wie beim Original. Nach jedem Schuß muß das Rohr samt verbrauchter Gasanzünder-Patrone herausgeschraubt und neu geladen werden. Das begrenzt die Schußfolge auf höchstens einen Schuß pro Minute. Doch diese Einschränkung ist unbedeutend. Soviel, wie ich anfangs erwartete, wird in der Praxis sowieso nicht geschossen. Mein Munitionsvorrat, den ich mir in der ersten Begeisterung anlegte, reicht voraussichtlich für Jahre.

Wichtig ist, das Rohr nach jedem Schuß durchzuputzen, weil Schwarzpulver schauerlichen Dreck hinterläßt. Es ist aber leichter erhältlich, macht mehr Effekt und ist in der Handhabung sicherer als modernes Nitropulver. (Tip: Im Inland gibts Schießpulver nur gegen Sprengstofferlaubnisschein – mit mildernden Umständen für Vorderlader-Schützen. Im benachbarten Ausland ist Schwarzpulver in jedem besseren Supermarkt erhältlich.) Ferner sollte man sich vor jedem Schuß überzeugen, daß das Kanonenrohr frei von Schmutz und Hindernissen ist. Sonst kann man sich einen Rohrkrepierer einhandeln – auch wie beim Original.

Die Mündungsgeschwindigkeit der Plastik-Geschosse habe ich mittels „ballistischem Pendel" mit ungefähr 100 m/sec. gemessen. Das reicht, um Alu-Blech so einzubeulen, daß ich es nachher mit der Zange nicht wieder gerade kriegte. Wer sich auf sowas einläßt, tut somit gut daran, sich beizeiten Sicherheitsmaßnahmen zu überlegen. Mein Fernsteuer-Sender hat einen eigenen Schalter fürs Scharfschalten der Kanone. Ferner hat der Panzer einen weiteren Sicherungsschalter im Turmluk, der von außen bedient werden kann. Erst wenn beide Schalter entsichert sind, kann die Kanone abgefeuert werden. Entsicherter Zustand wird durch kräftig rot blinkende LED im Turm angezeigt. Vorher ist die komplette Abfeuerung stromlos. Trotzdem lade ich die Kanone immer erst kurz vor dem Schuß und meide fortan den Bereich vor der Mündung – alte Soldaten-Regel!

Sekundär-Waffe: Als Zweitwaffe dient ein „achsparalleles" Maschinengewehr, wie Militärs das nennen. Es ist parallel neben der Kanone in der Blende angeord-

Panzermodell LEOPARD 1A4 im M 1:16 von Herrn Thomsen

net und äußerlich nur als Mündung, also als Loch erkennbar. Im Modell sitzt hinter dem Loch eine helle Lampe, die von einem handelsüblichen Multivibrator mit schnellen Stromimpulsen gespeist wird. Das gibt – zusammen mit der Akustik – realistisches Mündungsfeuer.

Akustik: Wie jedes ordentliche Panzer-Modell hat mein LEOPARD einen Lautsprecher, der von drei Tongeneratoren bedient wird: Diesel-Geräusch, MG-Feuerstoß und Dreiklang-Horn. Wegen Raumnot sind alle drei Tongeneratoren inklusive Verstärker, Trimmer und Lautsprecher in möglichst flacher Bauweise von unten im Wannendeckel befestigt. Vier Trimmer dienen zur Regelung der Lautstärke.

Käufliche Tongeneratoren für Dieselgeräusch verändern zwar gelegentlich die Tonhöhe mit der Fahrspannung am Motor, stellten mich aber nicht zufrieden. Was ihnen dringend fehlt, ist die Änderung der Lautstärke. Diese Idee habe ich in meinem LEOPARD verwirklicht, was zur realistischen Erscheinung erheblich beiträgt. Der kreative Aufwand war allerdings erheblich.

Gewöhnlich werden mit der Fahrspannung Lämpchen gespeist, deren Licht einen Fotowiderstand beeinflußt, der wiederum die Tonhöhe des Tongenerators steuert. Genauso mache ich es mit der Lautstärke: Ich habe ein Lämpchen mit einem Fotowiderstand kombiniert, der den Leistungstransistor des Tongenerators ansteuert. Damit steht und fällt die Lautstärke. Wie und mit welchen Vorwiderständen man den Leistungstransistor am besten ansteuert, muß ausprobiert werden. Bevor der Transistor kaputtgeht, macht er durch Wärme auf sich aufmerksam. So teuer sind Transistoren im übrigen nicht.

Dennoch blieb ein entscheidendes Hindernis für eine realistische Akustik. Das Problem liegt darin, daß die Lämpchen – welchen Typs auch immer – per Vorwiderstand an die volle Fahrspannung angepaßt werden müssen – in meinem Fall 11 Volt. Daraus folgt, daß sie bei drei oder vier Volt Fahrspannung, also wenn der Panzer bereits zu rollen anfängt, noch dunkel sind und damit auch Lautstärke und

Tonhöhe auf Leerlauf-Niveau bleiben. Das wirkt unecht: Panzer fahren nicht mit Leerlauf-Drehzahl an. Vielmehr brüllen die 50-Tonnen-Kolosse meist kräftig auf, bevor sie sich in Bewegung setzen. Vonnöten wären also Lämpchen, die schon bei drei oder vier Volt aufleuchten, bei elf Volt aber noch nicht durchbrennen. Die gibt es leider nicht.

Über diesem Widerspruch habe ich etliche Bleistifte zerkaut. Schließlich fand ich in der einschlägigen Literatur eine Lösung für mein Problem: die „Konstantstromquelle", eine selten gebrauchte Schaltung mit irreführendem Namen. Sie erzeugt nämlich keinen Strom, sondern benötigt selbst welchen. Entscheidend ist: Die Konstantstromquelle, eine simple Kombination aus einem Transistor, zwei Dioden und zwei Widerständen, regelt bei ansteigender Eingangsspannung die Ausgangsspannung schnell hoch und hält sie dann auf konstantem Niveau – genau das, was ich suchte. Ich mußte sie den Lämpchen meines Diesel-Generators nur vorschalten.

Jetzt hat mein LEOPARD eine ganze „Lampen-Batterie" aus stecknadelkopfgroßen „Mikro-Birnchen" (von Conrad-Electronic), die teils direkt von der Fahrspannung, teils von der Konstantstromquelle für Vorwärtsfahrt, teils von weiterer Konstantstromquelle für Rückwärtsfahrt gespeist werden. Jeweils sechs dieser Birnchen, ganz eng angeordnet, erleuchten einen Fotowiderstand. Das Ganze gibt es je einmal für Lautstärke und Tonhöhe und je einmal für rechten und für linken Antrieb. Vier Konstantstromquellen mit Lämpchen sind platzsparend auf der Platine des Doppelfahrtreglers untergebracht, Foto-Widerstände im Wannendeckel darüber.

Das Resultat ist verblüffend: Im „Leerlauf" ist der Diesel-Generator flüsterleise eingestellt – man hört ihn gerade eben brummen. Beim Anfahren brüllt er auf wie ein getretener Löwe und steigert gleichzeitig die Tonhöhe. Dieser Effekt hat viel Mühe gemacht, lohnt sich aber. Wer das nachbauen will, braucht sich nur in einschlägiger Fachliteratur nach „Konstantstromquelle" umzusehen.

Der Tongenerator für das MG-Feuer ist um das bekannte Geräusch-IC 76477 aufgebaut (von Harhaus, Wuppertal). Dieser wird mit einem eigenen Verstärker auf größtmögliche Lautstärke geregelt, so daß das Publikum zuverlässig erschrickt. Das Mündungsfeuer des achsparalellelen MG scheint mit dem akkustischen Dauerfeuer aus dem Tongenerator exakt synchronisiert zu sein, aber ich schwöre, daß beide Schaltungen völlig unanhängig voneinander arbeiten. Offenbar neigt das menschliche Ohr dazu, die exakte Synchronisierung, die es von realen Maschinengewehren in Erinnerung hat, aufs Modell zu übertragen.

Zielscheinwerfer: Wer schießen will, muß auch zielen können – sonst gehen die Schüsse ins Blaue. Der LEOPARD 1 trägt über der Kanone einen gewaltigen Scheinwerfer mit einer Leistung von mehreren Kilowatt. Da dieser mit der Kanone auf- und niederschwenkt, drängt er sich als Zielhilfe geradezu auf. Ich habe ein Halogen-Birnchen (sechs Volt) mit Reflektor und Linse so kombiniert, daß ein eng gebündelter Lichtstrahl aus dem Scheinwerfer austritt, allerdings nicht ganz echt; da im Original-LEOPARD noch ein Filter davorsitzt, so daß wahlweise nur der infrarote Anteil des Lichtstrahls passiert oder eben weißes Licht. Der Lichtstrahl meines Modells erzeugt im Ziel auf Zimmer-Entfernung einen matten Licht-Fleck, der als Zielhilfe zu gebrauchen ist. Ungefähr dort, wo der Licht-Strahl auftrifft, schlägt auch der Schuß ein, vorausgesetzt der Scheinwerfer ist sauber justiert.

Ideal wäre zweifellos ein Laser, weil er Licht viel enger bündelt und einen kleineren, aber besser erkennbaren Lichtfleck im Ziel erzeugt. Solche Laser gibt es als Zielhilfe für Faustfeuerwaffen längst zu kaufen – zu Preisen um die 500 US-Dollar und kaum größer als eine Streichholzschachtel. Aber in meinen Zielscheinwerfer im M 1:16 paßt dieser Ziel-Laser immer noch nicht ganz. Für größere Maßstäbe (z. B. 1:7) müßte er sich schon heute eignen, ich warte halt auf weitere Miniaturisierung.

Ein Aufwand, den nicht jeder eingehen wird, sind die beweglichen Türchen am Zielscheinwerfer, die ich meinem LEOPARD spendiert habe. Beim Original dienen diese Türchen dazu, das Nachglühen der Glühwendel in der Lampe zu verbergen, weil im Gefecht Licht verräterisch ist. Demzufolge klappen diese Türchen auf, wenn der Scheinwerfer eingeschaltet wird und wieder zu, wenn das Licht verlöscht. Bei meinem LEOPARD-Modell funktioniert das genauso. Die Türchen sind aus dünnem Messing-Blech und werden an handgefertigten Scharnieren im Millimeter-Bereich von einem Draht bewegt, der an der Linse vorbei durch den Scheinwerfer läuft. Den Draht bewegt eine Spindel, die von einem daumennagelgroßen Stellmotor gedreht wird. Motor samt Spindel sind seitlich an der Kanone befestigt. Diese Ballung auf engem Raum, die viel Kopfzerbrechen bereitete, ist unerläßlich, da der Scheinwerfer inklusive Tür-Antrieb ja mit der Kanone auf- und niederschwenken muß. Was die Sache besonders erschwert: Das Ganze muß trennbar gemacht werden, da ja nach jedem Schuß die Rohrverkleidung mit Blende und Scheinwerfer vom Rohr nach vorn abgezogen werden muß, um die Kanone neu laden zu können.

Die elektrische Schaltung kann sich jeder Elektroniker denken: Stellmotor und Scheinwerfer-Lampe hängen parallel an ständiger Spannung. Der Motor ist im Normalfall in Ruhe, weil ein Endschalter seinen Stromkreis unterbricht. Die Scheinwerfer-Lampe ist in Ruhe, weil eine passend geschaltete Diode deren Stromkreis sperrt. Wenn das zuständige Doppel-Relais auf Funkbefehl umpolt, läßt die Diode Strom durch und der Scheinwerfer leuchtet. Der Stellmotor läuft an, öffnet die Türchen und wird dann vom anderen Endschalter gestoppt – so lange, bis erneut umgepolt wird.

Natürlich wird die „Wiege“ der Kanone durch Bleiballast ausbalanciert, damit der Höhenrichtmotor nicht allzuviel Arbeit hat. Als zusätzliches Gewicht erfüllt der Stellmotor für die Scheinwerfer-Türchen eine nützliche Nebenfunktion, da er die (leichtere) Innenseite der Kanone beschwert und den erforderlichen Bleiballast reduziert.

Diese Türchen-Mechanik ist eine wahnwitzige Uhrmacher-Fummelei, nur unter der Kopflupe machbar. Aber die Aufgabe ist, wie bewiesen, lösbar.

Übungsziel: So reizvoll alle Ideen sind, in dem 9 mm starken Plastik-Geschoß auch noch einen Aufschlagzünder unterzubringen, so schleunigst sollte man sie begraben. Haupthindernis: Da das Geschoß nicht stabilisiert wird (durch „Züge“ herkömmlicher Rohrwaffen zum Beispiel), überschlägt es sich im Flug unkontrolliert. Es bohrt sich mal mit der Spitze, mal mit der Rückseite, mal mit der Seite ins Ziel. Da ist ein Aufschlagzünder ganz schwer zum Ansprechen zu bringen (ich bin mit Pulver und Sprengstoff vertraut).

Ich bin daher einen anderen Weg gegangen und habe den Treffer-Effekt in einem Übungsziel untergebracht. Als Übungsziel habe ich einen Blechkasten gebaut, der seine mehrfach gepolsterte Frontseite der Panzerkanone hinhalten muß. Auf der Rückseite sitzt eine Elektronik, die auf Treffer mit einem elektrischen Impuls reagiert. Oben auf dem Kasten (der kaum größer ist als eine Sucherkamera) thront ein Lämpchen, das den Impuls anzeigt. Bei Bedarf kann ich das Lämpchen gegen eine pyrotechnische Ladung tauschen.

Das funktioniert dann so: Wird der Blechkasten getroffen, unterbricht ein „Rüttelschalter“, so wie er in Alarmanlagen gebräuchlich und verkäuflich ist (etwa fünf

Panzer und Übungsziel von Herrn Thomsen

Mark), einen Stromkreis. Ein Relais fällt ab und jagt den Strom eines voluminösen Kondensators, der vorher aufgeladen wurde, in die Glühlampe oder in die pyrotechnische Ladung, die gleichfalls um eine Gasanzünder-Patrone herum aufgebaut ist. Die Lampe schraube ich zum Üben ein, die Ladung im „Ernstfall".

Das Übungszielgerät mit der Elektronik

Mit der Ladung experimentiere ich noch. Pures Schießpulver zart verdämmt, macht ein nettes Feuerwerk mit Rauch und würzigem Duft. Die Firma Saemann in Pirmasens hat gleichfalls ein paar patente Pülverchen im Angebot. Auch mit Feuerzeug-Gas ließe sich wohl etwas anstellen, ein Gas-Ventil läßt sich allemal elektrisch betätigen.

Bei solchen Fragen muß der Modellbauer sich entscheiden, ob er ein Modell für Indoor- oder für Outdoor-Gebrauch bauen will. Meines ist für Indoor-Gebrauch bestimmt. Da darf das Modell etwas filigraner und empfindlicher sein. Doch dann müssen alle Effekte zurückhaltend und pflegeleicht sein.

Der Vorteil: Während die Kollegen Modellbauer von der anderen Zunft sich nach einem Flugplatz, einem Modell-Teich und einem Manövergelände umtun müssen, brauche ich nichts weiter als einen etwas größeren Tisch. Zur Not tut es der Küchentisch. Nur mit der Hausfrau muß ich mich gut stellen. Die versteigt sich mitunter zu der abwegigen Behauptung, daß Kampfpanzer in einer Küche nichts zu suchen haben."

LEOPARD 1A3, Seitenriß- und Draufsichtszeichnung

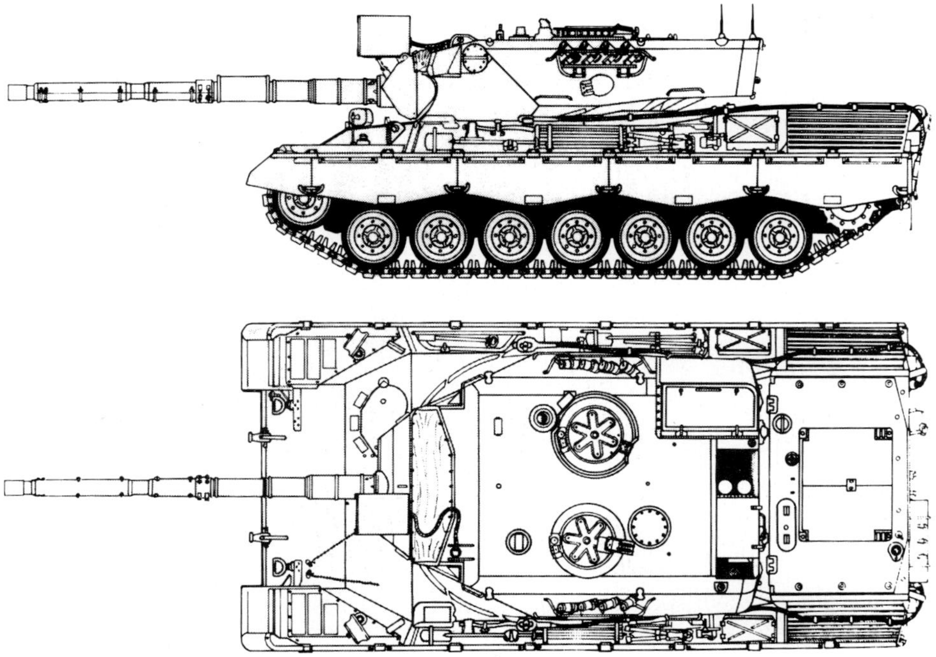

Hans Forler, Georg-Ludwig-Krebsstraße 4a, 67069 Ludwigshafen, schreibt mir über seine Erfahrungen, die er beim Bau eines LEOPARD 2-Panzermodells im Maßstab 1:8 gemacht hat. Herr Forler ist von Beruf Kraftfahrzeug-Handwerker, er arbeitet als Hauptlokführer bei der Deutschen Bahn. Doch lassen wir ihn selbst zu Wort kommen.

„Den Bau von Schiffs- und Flugmodellen sowie die Anfertigung von Waffenteilen, ich bin nebenbei Waffensammler, betreibe ich schon seit über 20 Jahren und habe dementsprechende Erfahrungen auf diesem Gebiet.

Im Jahre 1980 habe ich einen Bausatz des Kampfpanzers LEOPARD 2 erworben und daraus mein erstes Panzermodell gebaut. Leider entsprach die Ausführung des Bausatzes nicht meinen Erwartungen. Zunächst mußte die Panzerwanne geändert werden, da ich feststellte, daß vorhandene Maße nicht stimmten. Die Lagerungen der Tragarme und der Laufrollen in Messingrohr waren ebenfalls nicht gebrauchsfähig. Da ich bei all meinen Modellen darauf achte, daß sie im Aussehen, in der Funktion und der Maßstabsgenauigkeit dem Vorbild genau entsprechen, mußte ich viele Teile vollkommen neu anfertigen. Darunter waren 14 Laufrollen, 2 Leiträder mit Rotgußlagerungen, 8 Stützrollen mit Halterungen, 2 komplette Laufketten mit Gummiplatten, 14 Schwingarme mit Lagerungen und Drehstabfederungen, Kettenspanneinrichtungen, Lampen, Kettenschürzen, Werkzeug, Natokupplung, Kühlergrill, Schneegreifer, Außenspiegel, Abschleppvorrichtung, Periskop, Winkelspiegel, Windmesser, Turm- und Fahrerluke, 16 Nebelbecher sowie alle restlichen Teile.

Die Panzerwanne wurde von mir dahingehend geändert, daß eine Notausstiegsluke angebracht und Vorrichtungen zum spritzwasserdichten Verschrauben der Wanne mit dem Oberteil hergestellt wurden. Im Wannenoberteil wurden die Fahrerluke und Motorabdeckung ausgesägt und neu aus PVC angefertigt. Außerdem wurden im Zahnkranz zur Turmdrehung vier Rollen zur Turmlagerung angebracht. Der Turm selbst mußte ebenfalls umgebaut werden, das Kanonenrohr, dessen Lagerung sowie der Antrieb mit Schleifkontakten wurden neu hergestellt.

LEOPARD 2 im Maßstab 1:8 von Herrn Forler

Alles in allem kann ich sagen, daß ich außer den groben Wannen- und Turmgußteilen, die alle stark geändert werden mußten, sämtliche Teile aus denen ein Panzermodell besteht, selbst gebaut habe.

Angetrieben wird mein Modell von 2 Elektromotoren, für die die Fundamente und Kettenzahnräder sowie die Motorsteuerung ebenfalls selbst gebaut wurden. An den Kühlergittern sorgen zwei Gebläse für richtige Kühlung. Zum Schießen wurde im Turm eine 8-mm-Platzpatronenpistole eingebaut.

Das voll funktionsfähige Modell wiegt 57 kg, seine Geschwindigkeit beträgt ca. 8 km/h. Die Bauzeit betrug 6 Jahre, der Baupreis mit Fernsteueranlage liegt bei ca. DM 11 600,–"

Herr Forler schreibt abschließend noch, daß das Modell sicherlich billiger geworden wäre, wenn er alles von Grund auf selbst gebaut hätte.

Herr **Bernd Klöpfer, Raithelhuberstraße 44, aus 71336 Waiblingen-Hohenacker** baute einen LEOPARD 2 im Maßstab 1:7 in einer Bauzeit von 2 $^1/_2$ Jahren. Als Vorlage diente ihm ein Modell im Maßstab 1:35, das er auf den Maßstab 1:7 vergrößerte.

Hier sein Baubericht:

„Um das Modell so leicht wie möglich zu machen, entschied ich mich für Aluminium als Werkstoff. Der Aufbau erfolgte aus 2 mm starkem Blech, die Wanne ist geschweißt, und der Turm wurde mit Winkeln geklebt und geschraubt. Die Laufrollen habe ich aus Rundaluminium gedreht und mit Gummischlauch überzogen. Die Ketten fertigte ich aus Flachaluminium mit einem Querschnitt von 8 x 25 mm.

Der Turm ist kugelgelagert. Hierzu fertigte ich mir einen Drehkranz (Durchmesser: 260 mm) aus Alu und lagerte ihn mit insgesamt 135 Stahlkugeln (Durchmesser: 6 mm). Die Kanone ist aus einem Stück Rundaluminium gedreht.

Die Federung der Laufrollen erfolgt über Schwingarme aus Alu und Torsionsstäbe aus Federstahl, wie beim Original. Der Antrieb des Panzermodells erfolgt durch zwei Elektromotoren, die ihren Strom aus zwei in Reihe geschalteten 12-Volt-Akkus beziehen.

Als besonders schwierig stellte sich die Suche nach dem richtigen und optimalen Getriebe heraus. Zuerst versuchte ich es mit zwei auf jede Kette getrennt voneinander arbeitenden Stirnradgetrieben, die mich, was die Fahreigenschaften anbelangte, nicht besonders überzeugten. Danach entstanden zwei Schneckengetriebe, die zwar für Kurvenfahrten recht gut waren, aber eine Geradeausfahrt recht schwierig machten. Durch Gespräche mit Bekannten erfuhr ich von der Möglichkeit, den Panzer über zwei Differentiale zu lenken. Nach wochenlangen Überlegungen und ständig neuen Konstruktionsplänen gelang es mir schließlich, zwei Kegelraddifferentiale zu konstruieren und herzustellen. Ich baute die Getriebe in mein Panzermodell ein und war von den Fahr- und Laufeigenschaften

LEOPARD 2 von Herrn Klöpfer im Maßstab 1:7

Wannenoberteil und Turmoberteil abgenommen

Getriebe und Lautsprecheranlage

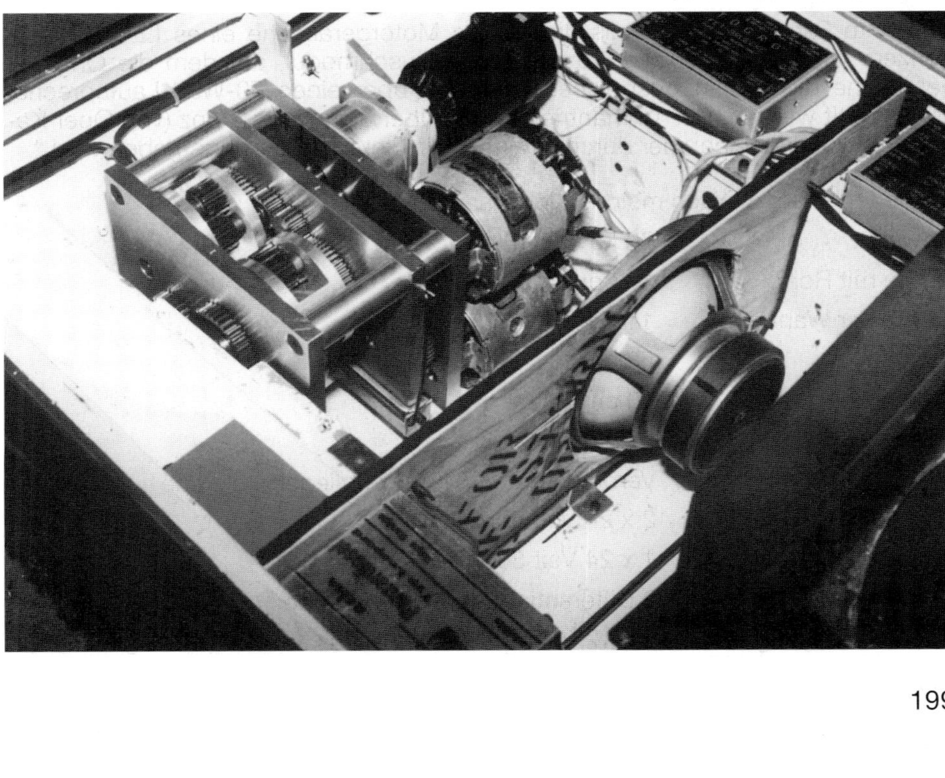

Blick in den Motorenraum mit Getriebe

stark beeindruckt. Doch kurze Zeit später mußte ich feststellen, daß die Kräfte, die an meinem Getriebe entstanden, für meine Kegelräder zu groß waren, und so baute ich mir in den nächsten fünf Monaten ein Getriebe mit zwei Stirnraddifferentialen. Alle Wellen und Zahnräder sind nadelrollengelagert, um geringste Reibungsverluste zu erhalten.

Um beim Fahren des Modells die echten Motorgeräusche eines LEOPARD 2-Panzers wiederzugeben, kaufte ich ein Geräuschmodul, auf dem die Originalgeräusche digitalisiert gespeichert sind und über einen 70-Watt-Lautsprecher abgestrahlt werden. Der Turmantrieb erfolgt über einen Zahnkranz (von Opel-Kadett Schwungscheibe), der durch einen 6-Volt-Elektromotor angetrieben wird."

Einige technische Daten meines Modells:

Gewicht:	70 kg
Länge mit Rohr:	137 cm
Länge der Wanne:	110 cm
Breite:	53 cm
Höhe:	40 cm
Geschwindigkeit:	9 km/h
Kette:	Verbinderkette, 81 Kettenglieder pro Kette
Fahrantrieb:	2 x 24 Volt 500 Watt
Lenkantrieb:	1 x 24 Volt 500 Watt
Getriebe:	2 Differential-Lenk-Fahrgetriebe
Stromversorgung:	2 x 12 Volt/10-Ah-Blei-Akkus

10.2 Bergepanzer 3 BÜFFEL

Bergepanzer haben die Aufgabe, durch technische Schäden liegengebliebene Panzer und Lastkraftwagen zu bergen oder – wenn möglich – an Ort und Stelle zu reparieren. Die Bergungseinrichtung besteht aus dem Räumschild, zwei Winden und einem Kranausleger. Alle Bergungseinrichtungen arbeiten hydraulisch. Zum Planieren, um Gräben auszuheben und zum Räumen wird die Räumschaufel verwendet. Bei Arbeiten mit der Hauptwinde und bei schweren Kranarbeiten dient die Räumschaufel zum Abstützen des Bergepanzers.

Der Kranausleger ist auf der rechten Fahrzeugseite angebracht. In Ruhestellung liegt er in Längsrichtung auf der Fahrzeugwanne. Für gute Lichtverhältnisse bei Nacht sorgen zwei Scheinwerfer. Das Drahtseil auf der Seiltrommel der Hauptwinde ist 33 mm stark und 90 m lang. Die Zugkraft der Winde beträgt 35 000 kg. Eine entsprechend angeordnete Umlenkrolle sorgt dafür, daß die Zugkraft auf 70 000 kg vergrößert werden kann. Gewässer können bis zu einer Tiefe von vier Metern durchfahren werden.

Der Bergepanzer 3 BÜFFEL ist eine Gemeinschaftsentwicklung der Bundesrepublik und der Niederlande. Die Firma MaK Systems GmbH war Hauptauftragnehmer von der Konzeption bis zur Serienfertigung. Mit der Einführung des Bergepanzers 3 BÜFFEL verfügt die Truppe über ein Unterstützungsfahrzeug, das die Einsatzfähigkeit schwerer gepanzerter Fahrzeuge erheblich verbessert. Neue Technologie wurde mit bewährten Baugruppen des Kampfpanzers LEOPARD 2 kombiniert. Die hohe Einsatzbereitschaft des Bergepanzers wurde erstmalig durch ein bordeigenes Testsystem (BFTS) realisiert. Aufgrund seiner Leistungsmerkmale ist der Bergepanzer auch für den Einsatz bei Katastrophenfällen geeignet.

BERGEPANZER 1, Kranseite

Bergepanzer 3 BÜFFEL, Kran in Arbeitsstellung (Foto: MaK)

Bergepanzer 3 BÜFFEL hat einen LEOPARD 2 am Haken (Foto: MaK)

Einige technische Daten des Bergepanzers 3 BÜFFEL

Abmessungen L × B × H: 9,0 m × 3,5 m × 2,9 m;

Gewicht: 54,3 t;

Leistung: 1100 kW, Geschwindigkeit: 68 km/h;

Besatzung: 3 Mann;

Bewaffnung: 1 – 7,62 mm-MG

Einen Bergepanzer 1 im Maßstab 1:10 baute Herr **Michael Packolicz, Steuppergstraße 7, aus 74389 Cleebronn**. Im Abschnitt „zivile Kettenfahrzeugemodelle“ (Seite 81) dieses Buches wurde ROBBI, das Studienmodell für diesen Bergepanzer kurz beschrieben. ROBBI diente sozusagen als Versuchsmuster für den Bergepanzer, um Schild, Kranausleger und alle Funktionen auszuprobieren. Inzwischen ist der „Berge-LEO“, wie Herr Packolicz sein neuestes Modell nennt, fertig, und ich lasse ihn selbst über den Bau berichten:

Der Berge-Leo von Herrn Packolicz mit hochgestelltem Kranausleger

Bergepanzer 1 im Maßstab 1:10 von Herrn Packolicz

„Alle wichtigen Armaturen wurden ebenfalls gegossen. Die Laufrollen sind aus Kunststoff formgespritzt und in NATO-Oliv eingefärbt. Dazu wurden schwarze Bandagen aufgezogen, die Alu-Naben haben Messing-Buchsen. Die Antriebs-

Blick auf den Antriebskranz und die Laufrollen

Ein Blick in die Wanne bei abgenommenem Oberteil. Motor, Getriebe, Elektronik und Akkus sind deutlich zu erkennen

kränze wurden aus Alu gegossen, sie sehen sehr detailgetreu aus. Die Schwingarme sind ebenfalls gespritzt, die Achsen eingepaßt und verbolzt. Stoßdämpfer und Spannvorrichtung für das Leitrad bestehen aus Alu, gespannt wird wie beim Original.

Das Räumschild ist voll beweglich, es wird von einem Elektromotor über eine Gewindespindel betätigt. Die Wanne ist gegen das Eindringen von Schmutz abgedichtet. Der Drehkranz für den Ausleger ist kugelgelagert und wird mit einem Schneckentrieb bewegt. Der Ausleger besitzt zwei Hydraulik-Zylinder, die ein sehr feines Heben und Senken erlauben.

Der Seilzug mit Dreifachübersetzung ist voll funktionsfähig. Als Antriebsmotor verwende ich einen 10-cm^3-Motor in Verbindung mit einem TIWAPROC-Getriebe von CONRAD, womit der „Berge-LEO" bei Vorwärts- und Rückwärtsfahrt sehr gut fährt."

Bleibt noch zu erwähnen, daß Herrn Packolicz die Zeit davongerannt ist, um seinen „Berge-LEO" im Maßstab 1:10 noch vor Redaktionsschluß dieses Buches fertigzustellen. Es fehlen noch Kleinteile und Werkzeuge. Das soll in Ruhe nachgeholt werden. Ich glaube jedoch, daß schon jetzt die Bilder zeigen, von welcher Bauqualität dieses Modell beschaffen ist.

10.3 Pionierpanzer 2 DACHS

Der Pionierpanzer 1 war ein für die besonderen Anforderungen der Pioniere abgewandelter Bergepanzer. Er wurde hauptsächlich zum Anlegen und Beseitigen von Sperren eingesetzt. Dazu wurde die Räumschaufel des Bergepanzers so abgewandelt, daß die volle Zugkraft des Fahrzeuges für Räumarbeiten genutzt werden kann. Zur Ausstattung des Pionierpanzers 1 gehört ein hydraulisch angetriebener Erdbohrer, der sich mit wenigen Handgriffen am Kranausleger befestigen läßt. Mit diesem Bohrer lassen sich Löcher mit einem Durchmesser von 700 mm und einer Tiefe von 2 Metern ausheben.

Die Entwicklung des Pionierpanzers 2 DACHS begann schon 1969 auf dem Fahrgestell des LEOPARD 1. Aufgrund des hohen Gewichtes der pioniertechnischen Ausrüstung wurde das Fahrgestell überlastet. Die weiteren Entwicklungsarbeiten auf dem Fahrgestell des LEOPARD 2 mußten 1978 aus finanziellen Gründen eingestellt werden, danach wurde nach kostengünstigeren Lösungen gesucht. Unter Verwendung zahlreicher Ergebnisse aus den vorherigen Entwicklungen konnte dann in einem relativ kurzen Zeitraum von 1981 bis 1985 die Entwicklung des Pionierpanzers 2 DACHS durchgeführt werden. Bis 1990 wurden 36 Pionierpanzer 1 und 104 Bergepanzer 2 zum Pionierpanzer 2 DACHS umgerüstet. Gegenüber dem Pionierpanzer 1 (PiPz 1) wurden beim PiPz 2 folgende Verbesserungen durchgeführt:

Anstelle des Kranauslegers wurde ein Teleskoparm mit einer Reichweite von 9 Metern vorgesehen. Am Ende des Teleskoparmes ist ein sogenannter Tieflöffel mit 1,1 m^3 Inhalt angebracht. Damit können Gräben bis zu einer Tiefe von 5 Metern ausgehoben werden. Mit einem ebenfalls am Teleskoparm angebrachten Lasthaken lassen sich Lasten von 2,5 bis 7,7 Tonnen heben. Bei Baggerarbeiten in Gewässern läßt sich der Teleskoparm und der Tieflöffel über eine Kabelfernsteuerung bedienen. Zusätzliche Lenzpumpen sind für den Gewässereinsatz vorgesehen.

Pionierpanzer 2 DACHS (Foto: MaK)

Pionierpanzer 2 DACHS bei Arbeiten im Gewässer (Foto: MaK)

Pionierpanzer 2 DACHS beim Ausheben eines Grabens (Foto: MaK)

Durch verschiebbare Seitenteile kann das Räumschild auf eine Breite von 3,7 m erweitert werden, um so zu verhindern, daß Räumgut in die Ketten gelangt. Die Räumleistung beträgt 270 m^3/h. Räumschild und Teleskoparm werden hydraulisch betätigt.

Einige technische Daten des Pionierpanzers 2 DACHS:

Abmessungen L × B × H: 8,9 m × 3,2 m × 2,6 m;

Gewicht: 43 t;

Leistung: 610 kW; Geschwindigkeit: 62 km/h;

Steigfähigkeit: 50 %;

Besatzung: 3 Mann;

Bewaffnung: 1 – 7,62 mm-MG.

Ein Modell des Pionierpanzers 1 im Maßstab 1:7 baute Herr **Friedel Werner, Celler Straße 14, aus 31582 Nienburg.** Es entstand in Ganzmetallbauweise und ist voll funktionsfähig. Der Kranausleger läßt sich heben, senken und schwenken, das Lastseil kann herunter- und wieder hochgefahren, die Räumschaufel gehoben und abgesenkt werden. Auch der Erdbohrer wurde nicht vergessen.

Abmessungen des Modells: L = 1 m, B = 0,46 m, H = 0,38 m;
Gewicht: 80 kg.

Pionierpanzer 1, Seitenriß- und Draufsichtszeichnung (Foto: MaK)

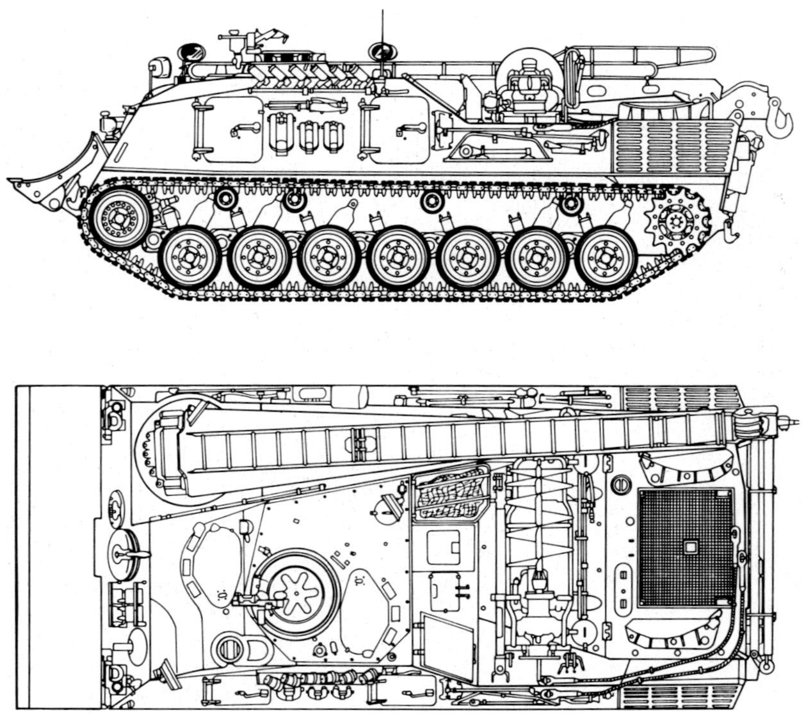

Modell-Pionierpanzer 1 im Maßstab 1:7 von Herrn Werner, Ansicht linke Seite

Modell-Pionierpanzer 1, Ansicht Kranseite

Modell-Pionierpanzer 1, Ansicht von vorne

Modell-Pionierpanzer 1, Kranausleger hochgestellt in Arbeitsstellung

10.4 Brückenlegepanzer BIBER

Gleich nach der Wiederbewaffnung erhielt die Bundeswehr zunächst den Brükkenlegepanzer AVLB der US-Army, der auf dem Fahrgestell des M 48 A2 aufgebaut war. Dabei handelt es sich um eine Klappbrücke, die beim Verlegen ein für den Feind nicht zu übersehendes Ziel ergab. Sie entsprach deshalb nicht mehr den taktischen Forderungen der Truppe, weshalb man sich mit dem Gedanken ei-

Alter Brückenlegepanzer AVLB aus US-Beständen. Diese Version in Form einer Klappbrücke wurde anfangs bei der Bundeswehr benutzt

Brückenlegepanzer AVLB mit zusammengeklappter Brücke

Brückenlegepanzer der ehemaligen NVA (Fahrgestell T 54/55)

ner Neuentwicklung befaßte. Hierbei wurde ein flaches Verlegen der Brücke gefordert. Als Grundlage für die Entwicklung diente das Fahrgestell des LEOPARD. Es wurde den neuen, besonderen Anforderungen angepaßt. Die Öffnung für den Turm wurde durch eine Abdeckplatte verschlossen, die Hydraulik vom Bergepanzer 1 übernommen. Bei dem neuen Konzept liegt die Brücke in zwei symmetrischen Teilen auf dem Fahrgestell. Die Brücke selbst besteht aus Leichtmetallprofilen und setzt sich aus dem Obergurt und einem Untergurt zusammen. Beide Teile werden durch Stegbleche verbunden.

Anfangs wurden zwei verschiedene Verlegungsarten erprobt, und zwar zum einen nach dem Prinzip des freien Vorbaus und zum anderen teleskopartig. Beim Prinzip des freien Vorbaus werden die aufeinanderliegenden Brückenhälften in der Brükkenlängsachse auseinandergezogen, bis die obere in die untere Hälfte einrastet. Danach wird die Brücke über den Fluß bzw. über das Hindernis vorgeschoben und abgelegt. Während des ganzen Vorgangs stützt sich der Panzer mit seinem Stützschild am Bug ab und wirkt so als Gegengewicht.

Beim teleskopartigen Verlegen der Brücke wird vor dem Auseinanderziehen der beiden Brückenhälften ein Teleskoparm ausgefahren, auf dem dann die Brückenteile vorgeschoben werden.

Bei umfangreichen Truppenversuchen hat sich der freie Vorbau als zweckmäßiger herausgestellt, weshalb die Weiterentwicklung nach diesem Prinzip erfolgte.

Die Auslieferung der ersten Brückenlegepanzer BIBER lief im Jahre 1973 an.

Einige technische Daten des Brückenlegepanzers BIBER:

Länge mit Brücke: 11,4 m

Länge ohne Brücke: 10,2 m

Brückenlegepanzer BIBER

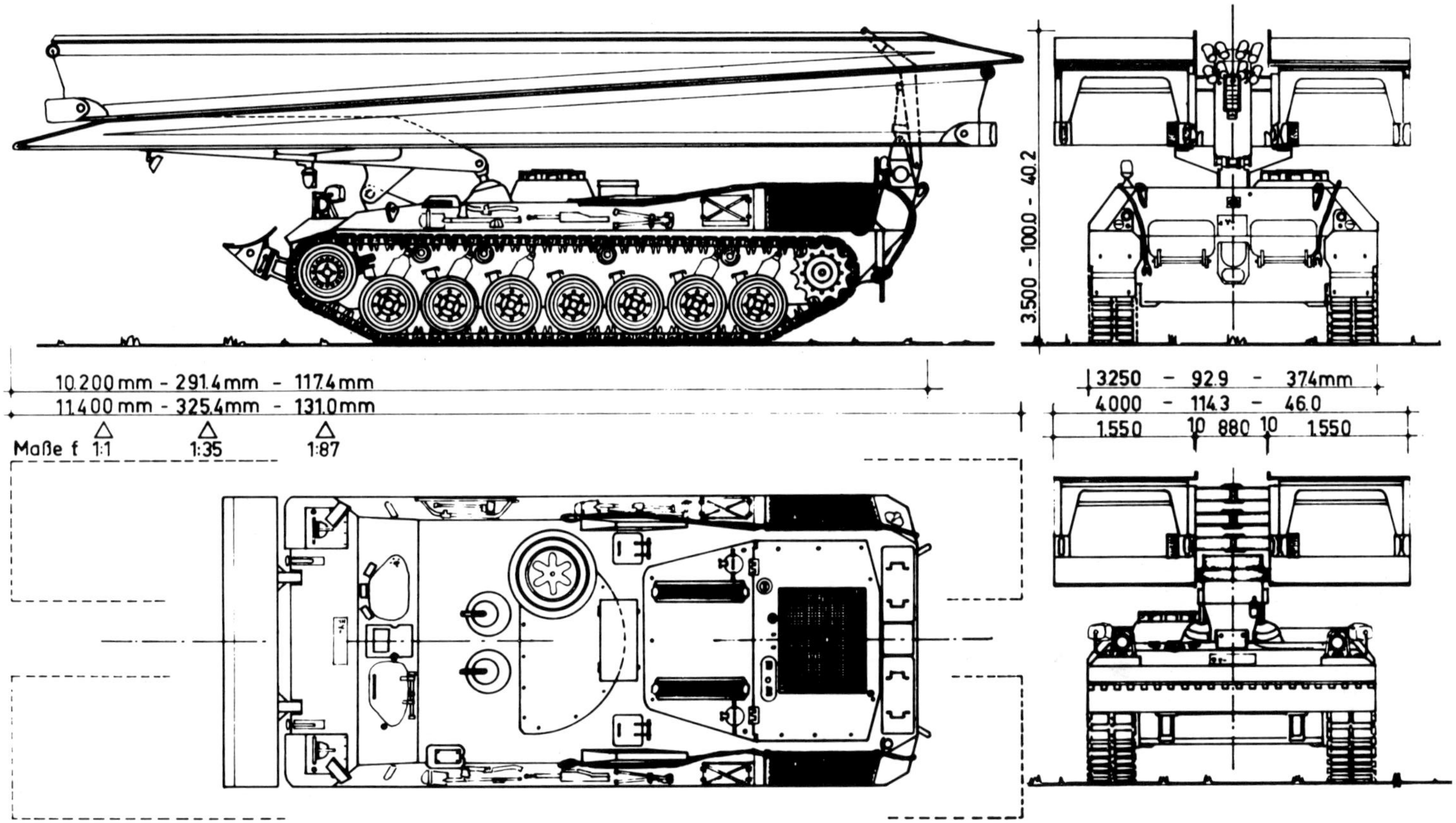

Vierseitenansicht des Brückenlegepanzers BIBER (Foto: MaK)

Der BIBER beim Ablegen der Brücke im Gelände. (Foto: MaK)

Breite mit Brücke: 4,0 m
Länge der Brücke: 22 m
Nutzbare Stützweite: 21 m
Gesamtgewicht mit Brücke: 45,1 t

Leistung: 610 kW (830 PS)
Geschwindigkeit: 62 km/h
Fahrbereich auf der Straße: 800 km

Brückenlegepanzer BIBER demonstriert das Auslegen der Brücke

Einem Brückenlegepanzer BIBER beim Verlegen der Brücke zuzusehen ist schon imponierend. Ein Modellbauer der Nienburger Modellbaugruppe kam auf die Idee, den BIBER voll funktionsfähig nachzubauen und setzte diese Idee dann in die Tat um, eine erstaunliche Leistung. Herr Protzek hatte diesen Gedanken und führte ihn dann praktisch aus. Und so entstand der hier auf Fotos gezeigte Brückenlegepanzer BIBER als Nachbau im Maßstab 1:7. Seine Abmessungen betragen:

Modell-Brückenlegepanzer BIBER im Maßstab 1:7, gebaut von Herrn Protzek

Der Modell-Brückenlegepanzer hat seine Brücke abgelegt

Die Brücke ist abgelegt, ein anderes Panzermodell befährt die Brücke

Die beiden Antriebsmotoren des BIBER-Modells

Steuer- und Antriebsmechanismus im Brückenausleger des Modell-BIBER

Länge mit Brücke: 1,63 m

Länge ohne Brücke: 1,46 m

Breite mit Brücke: 0,57 m

Das Modell wird von zwei Lüftermotoren angetrieben und ist voll funktionsfähig wie sein großes Vorbild. Die ausgefahrene Brücke hat eine Länge von 3,26 m!

Die Hebemechanik beim Ausleger des Modell-BIBER

Größenvergleich der Brücke mit einigen Modellbauern

10.5 Flakpanzer GEPARD

Auch der Flakpanzer GEPARD gehört zur Familie der LEOPARD-Panzer, er ist auf einem LEOPARD 1-Fahrgestell aufgebaut. Seine Hauptwaffe ist eine 35 mm-Oerlikon-Zwillings-Flugabwehrkanone, die im Bedarfsfall für den Erdzielbeschuß auf panzerbrechende Munition umgestellt werden kann. Weiter ist er mit einem Rundsuchradargerät mit integriertem IFF-Gerät und einem Zielfolgeradar (Feuerleitradar) ausgerüstet, das in der Lage ist, ein erfaßtes Flugziel vollautomatisch zu verfolgen und kontinuierlich zu vermessen. Eine dreiköpfige Besatzung, bestehend aus dem Kommandanten, dem Richtschützen und dem Fahrer reicht aus, um das gesamte Waffensystem zum Einsatz zu bringen. Die Kanone hat eine Kadenz von 550 Schuß pro Minute. Die gesamte Waffenanlage wird von einem Zusatztriebwerk betrieben, welches über einen Generator unabhängig vom Haupttriebwerk die Einsatzbereitschaft der Waffenanlage sichert. Das Flugabwehr-Waffensystem GEPARD arbeitet vollkommen autonom und ist als solches völlig unabhängig in seinem Einsatz. Es ist ein allwetterfähiges, gepanzertes Tieffliegerabwehrsystem zum Schutze von Kampfpanzern. Im Juni 1971 wurde der erste Prototyp an die Bundeswehr ausgeliefert. 1973 lief die Beschaffung von insgesamt 432 Flakpanzern an, und im September 1973 wurde der GEPARD der Öffentlichkeit vorgestellt.

Einige technische Daten des Flakpanzers GEPARD:

Abmessungen L × B × H: 7,73 m × 3,37 m × 3,0 m;

Gewicht: 45,5 t;

Leistung: 610 kW (830 PS); Geschwindigkeit: 65 km/h

Besatzung: 3 Mann;

Bewaffnung: 2 – 35 mm-Maschinenkanonen, Rundsuchradar, Feuerleitradar, (Auffaßreichweite: 16 km)

Flakpanzer GEPARD während eines Manövers im Gelände

Flakpanzer GEPARD im Geländeeinsatz

Flakpanzer GEPARD fährt über eine vom Brückenlegepanzer BIBER gelegte Brücke

Ansicht des GEPARD-Modells von Herrn Winkler

Einen Flakpanzer GEPARD im Maßstab 1:9 baute Herr **Arnim Winkler, Tubitzerstraße 19, aus 70825 Krontal.**

Das 85 cm lange, 37 cm breite und 32 cm hohe Modell wiegt 42 kg. Die Wanne und der Deckel bestehen aus 5 mm starkem Aluminium. Beide Teile wurden verschraubt und geklebt. Der Turm ist aus Kunststoff gefräst, geklebt und verschraubt. Der Antrieb erfolgt durch zwei 24-Volt-Motoren mit Getriebe. Das Fahrwerk ist drehstabgefedert, die Rollen, Kettenräder und Ketten stammen von der Firma Veroma-Modellbau.

Das GEPARD-Modell wird über zwei getrennte Fernsteueranlagen gesteuert, eine Anlage wurde für den Antriebsteil, die zweite für den Turm vorgesehen. Folgende Sonderfunktionen sind möglich:

1. Beim Antriebsteil in der Wanne:
Motor anlassen, drehzahlgesteuerter Original-Motorsound digitalisiert. Standlicht, Fahrlicht und Bremslicht. Vier Gebläse mit je 90 Liter/Min. simulieren den Auspuffdruck aus dem Auspuffkanal. Zusätzlich wurde ein Auslaßkanal zum Boden geführt. Mit einem zusätzlichen Gebläse wird bei staubigem Boden der Staub aufgewirbelt, was das Fahrbild des Panzers noch realistischer erscheinen läßt.

2. Beim Turm:
Drehbewegung des Turms um 360 Grad, heben und senken der Kanonen, Geschwindigkeit wie beim Original. Schußgeräusch digitalisiert und gekoppelt mit sehr hellem und schnellem Stroboskopblitz. Abschuß von sechs Raketen über elektrische Zündung möglich. Maschinengewehr-Mündungsfeuer sehr hell und gekoppelt mit digitalisiertem MG-Geräusch. Feuerleitradar synchronlaufend mit den Kanonen. Digitalisierte Original-Kommandos abrufbar.

Ansicht des GEPARD-Modells von Herrn Winkler

Flakpanzer GEPARD im Maßstab 1:8 von Herrn Williges

Ein weiteres Modell des Flakpanzers GEPARD im Maßstab 1:8 wurde von dem zwischenzeitlich leider verstorbenen Herrn **Bertram Protzek** erschaffen. Dieses Modell gehört zu den aufwendigsten, die je gebaut wurden. Eigentümer ist heute Herr **Wolfgang Williges**, der Leiter der Reservistenkameradschaft Modellbau. Obwohl schon von einer schweren Krankheit gezeichnet, war es der Wunsch von Herrn Protzek, dieses Modell noch zu bauen.

Das Fahrgestell stammt vom LEOPARD 1 und wurde einschließlich der Kette von Herrn Heinz Grabenstein, dem Erbauer des Modells Panzerhaubitze 2000 angeliefert. Herr Protzek war für die Gesamtkonzeption und den Aufbau der Mechanik verantwortlich, die gesamte Ausrüstung, die das Modell zum Leben erwecken sollte, fiel in die Zuständigkeit von Herrn Williges.

Für den Aufbau betrug die Bauzeit 3 $1/_2$ Jahre, das Fahrgestell nicht mitgerechnet, da es voll funktionsfähig angeliefert wurde. Weitere 2 Jahre kamen hinzu, um die Elektronik zu installieren. Gesteuert wird der GEPARD mit einer Graupner-Fernsteuerung 6014 mit den Zusatzmodulen Nautic-Multi-Prop mit vier Drehpotis für Radaranlagen und Nautic-Expert mit 16 Schaltfunktionen für die verschiedenen Funktionen.

Flakpanzer GEPARD von Herrn Williges, Turm und Heckklappen geöffnet

Die Wanne, Laufrollen, Stützräder, Triebkränze und Ketten bestehen aus Aluminium, der Turm mit seinen beiden Rohrwaffen wurden größtenteils aus Messingblech und Vollmaterial hergestellt. Für den Karosserieaufbau mußten diverse Formen hergestellt werden. Das Rundsuchradar kann wie beim Original gekippt werden, die Laufgeschwindigkeiten des Rundsuch- und Folgeradars sind variabel einstellbar. Die Turmdrehung erfolgt durch einen Getriebemotor, der mit einem Ritzel in den Turmaußenkranz eingreift. Die Waffenanlage wird mit einem Servo, Ausgleichsgewichten und einer Ausgleichsfeder gesteuert, alleine der Turm hat ein Gewicht von 15 kg. Alle Komponenten im Turm arbeiten völlig unabhängig vom unteren Fahrgestell, der Turm hat sogar eine eigene Stromversorgung. Dies ist ein großer Vorteil bei Servicearbeiten.

Ferner verfügt der GEPARD über das Original-Motorgeräusch mit Anlaß- und Abschaltvorgang sowie Laufgeräusche mit automatischer Anpassung an die Fahrgeschwindigkeit, ferner ist eine Beleuchtungsanlage installiert, die dem Original entspricht. Großer Wert wurde auf die gute Zugänglichkeit der einzelnen Komponenten gelegt.

Abmessungen des Modells:

Länge, Kanonen in 12-Uhr-Stellung: 1000 mm

Breite: 410 mm

Höhe, Suchradar hoch: 510 mm

Feuerhöhe, Kanonen ca. 90°: 840 mm

Gesamtgewicht 65 kg, hiervon entfallen auf die Wanne 50 kg
und auf den Turm 15 kg

10.6 Schützenpanzer MARDER

Anfang der 60er Jahre reiften bei der Bundeswehr Pläne, einen Panzertyp der 20-Tonnen-Klasse zu entwickeln, der den HS 30 ersetzen sollte. Es entstand der Schützenpanzer MARDER. Das erste Fahrzeug wurde am 7. Mai 1971 an die Truppe ausgeliefert. Der MARDER war der erste Schützenpanzer überhaupt, der in einem NATO-Land in Dienst gestellt wurde. Seither hat er mehrere Maßnahmen zur Kampfwertsteigerung durchlaufen. In den Jahren 1977 bis 1979 wurden alle MARDER mit dem Panzerabwehr-Lenkflugkörper-Waffensystem MILAN ausgerüstet. Es folgten weitere Verbesserungen am Zielsuchgerät und an der Zusatzpanzerung an Turm und Wanne. Die Hecklafette mit dem zweiten Maschinengewehr wurde bei der Ausführung 1A3 abgebaut. Die Besatzung besteht aus 3 Mann und 6 Panzergrenadieren (früher 7).

Einige technische Daten des Schützenpanzers MARDER:

Abmessungen L × B × H: 6,88 m × 3,38 m × 3,01 m;

Gewicht: 33,5 t;

Leistung: 441 kW (600 PS); Geschwindigkeit: 65 km/h;

Steigfähigkeit: 30 %;

Besatzung: 3 + 6 Mann;

Bewaffnung: 1 – Maschinenkanone 20 mm; 2 – MG 7,62 mm.

Schützenpanzer MARDER ohne Heck-MG

Schützenpanzer MARDER mit Heck-MG

Die Standardausführung kann Gewässer bis zu einer Tiefe von 1,5 Metern, mit einem aufgesetzten Tiefwatschacht bis zu 2,5 Metern durchwaten. Der MARDER wird auch als Sanitäts- und Transportpanzer eingesetzt. Auch der Flugabwehr-Raketenpanzer ROLAND II gehört zur MARDER-Familie. Er wurde auf einem modifizierten MARDER-Fahrgestell aufgebaut. Hierbei handelt es sich um ein Lenkflugkörper-Tiefflieger-Abwehrsystem. Zwei Flugkörper liegen abschußbereit in der Abschußanlage, acht weitere führt der Panzer im Inneren mit. Die ROLAND II-Waffenanlage ist eine französisch/deutsche Gemeinschaftsentwicklung und wird auch vom französischen Heer eingesetzt. Dort wurde das System auf das Fahrgestell des AMX-30 aufgesetzt.

10.7 Schützenpanzer/Panzermörser M 113

Der M 113 ist der meistverbreitetste Panzer in der ganzen Welt. Er wurde von den Firmen FMC in den USA und Oto Melara in Italien gebaut. 1960 wurde er in den USA in Dienst gestellt. Der M 113 ist auch der erste Aluminiumpanzerwagen, der in Serie produziert wurde. Der Fahrer sitzt vorne links in der Wanne neben dem Motor. Die Kommandantenluke befindet sich in der Mitte und der Mannschaftsraum liegt im hinteren Teil. Zum Ausstieg für die Panzergrenadiere dient eine freie Rampe an der Rückseite. Der M 113 ist voll schwimmfähig und wird im Wasser durch seine Ketten angetrieben.

Schützenpanzer M 113, hier in der Variante als Artilleriebeobachtungspanzer

Von der M 113-Familie gibt es eine ganze Reihe von Varianten. So wird der M 113 auch als Befehls-, Sanitäts- und Transportpanzer eingesetzt. Bei der Bundeswehr wird er seit 1971 auch als Panzermörser verwendet. Die Höchstschußweite des Mörsers beträgt 6200 Meter. Außerdem wird der Panzer bei der Bundeswehr als Waffenträger, Funk- und Führungspanzer, Sanitäts-, Feuerleit- und Beobachtungspanzer sowie als gepanzerter Mannschaftstransportwagen eingesetzt.

Einige technische Daten des Schützenpanzers M 113:

Abmessungen L × B × H: 5,0 m × 2,7 m × 2,2 m;

Gewicht: 11,8 t;

Leistung: 154 kW (210 PS); Geschwindigkeit: 50 km/h;

Besatzung: 5 Mann;

Bewaffnung: 1 – Mörser 120 mm; 1 – MG 7,62 mm.

Ein Modell im Maßstab 1:7 des Schützenpanzers M 113 hat Herr **Heinrich Schultz, Lüder-Wose-Straße 46, aus 29221 Celle** in einer Bauzeit von nur zwölf Monaten gebaut. Ein Jahr Bauzeit ist eine verhältnismäßig kurze Dauer für den Bau eines Panzermodells dieser Größe. Das kommt laut Herrn Schultz daher, daß der Typ des Schützenpanzers M 113 verhältnismäßig leicht aufzubauen ist, da er über keine Rundungen verfügt. Der Aufbau kann aus Sperrholz, Aluminium oder Kunststoffplatten erfolgen, so daß die einzelnen Seitenwände einfach durch Aluwinkel auf der Bodenplatte befestigt werden können. Das Modell eignet sich daher vorzüglich als Einsteigermodell. Herr Schultz baute sein Modell aus 2 mm starken Aluminiumplatten. Die Kette und das Antriebszahnrad wurden bei der Firma

Modell-M 113 von Herrn Schultz im Maßstab 1:7

Conrad Electronic gekauft, die Laufrollen hingegen selbst angefertigt. Der Antrieb erfolgt durch zwei 24-Volt-Elektromotoren, die durch selbstgebaute elektronische Fahrtregler geregelt werden. Mit einem 24 V/10-Ah-Fahrakku beträgt die Fahrzeit mit einer Akkuladung ca. 45 Minuten.

Da es für den M 113 keine Bauvorlage gab, kletterte Herr Schultz auf einen Originalpanzer dieses Typs, um alle wichtigen Maße mit dem Zollstock aufzunehmen. Als weitere Bauhilfe dienten viele Detailaufnahmen. Wie die Bilder zeigen, ist Herrn Schultz sein M 113-Modell sehr gut gelungen. Bleibt noch zu erwähnen, daß er sich beim Bau für den Typ des Mörserträgers entschied, die Waffenanlage ist voll funktionsfähig.

Ein weiteres Modell eines Schützenpanzers M 113 baute Herr **Friedel Werner, Celler Straße 14, aus 31582 Nienburg**. Auch dieses Modell entstand in Ganzmetallbauweise im Maßstab 1:7. Im Unterschied zum vorigen Modell von Herrn Schultz baute Herr Werner als Antrieb einen Verbrennungsmotor mit Umschaltgetriebe zur Steuerung der beiden Ketten ein. Dazu kommt, daß sein Modell schwimmfähig ist.

Abmessungen der beiden im Maßstab 1:7 gebauten Modelle:

L = 696 mm,
B = 384 mm,
H = 314 mm.

Blick auf den funktionstüchtigen Mörser

Modell des Schützenpanzers M 113 im Maßstab 1:7 mit Verbrennungsantrieb

10.8 Luftlandepanzer WIESEL

Der Luftlandepanzer WIESEL ist ein leichter Panzer, der speziell für die Fallschirmjägertruppe entwickelt wurde. Er ist natürlich nicht mit einem Kampfpanzer zu vergleichen, er besitzt weder die Feuerkraft noch den Panzerschutz solcher Fahrzeuge. Seine Stärken liegen in seiner geringen Größe, seinem niedrigen Gewicht und seiner großen Beweglichkeit. Was seine Geschwindigkeit betrifft, macht er seinem Namen alle Ehre: Er ist bis zu 80 km/h schnell und schafft Steigungen bis zu 60 %. Es gibt 343 WIESEL in zwei Versionen. Davon sind 210 Fahrzeuge mit dem Panzerabwehrraketensystem TOW und 133 Waffenträger mit einer 20 mm-Maschinenkanone ausgerüstet.

Der Panzer WIESEL ersetzt die seit über 20 Jahren im Dienst stehenden ungepanzerten Kraftkarren KRAKA. Sein geringes Gewicht von nur 2,75 Tonnen trägt zu seiner außerordentlichen Beweglichkeit und geringen Geräuschentwicklung bei.

Ein Luftlandepanzer WIESEL verläßt einen Transporthubschrauber (Foto: MaK)

Zwei Luftlandepanzer WIESEL im Gelände (Foto: MaK)

Luftlandepanzer WIESEL mit STINGER (Foto: MaK)

WIESEL von oben gesehen (Foto: MaK)

Sein niedriger Bodendruck erlaubt es, in Geländebereichen zu operieren, die für andere Kettenfahrzeuge sonst völlig unzugänglich sind. Der Panzer hat 3 Mann Besatzung bei der Version mit dem Panzerabwehrraketensystem TOW und kommt mit 2 Mann bei der Variante mit der Maschinenkanone aus. Sein Munitionsvorrat beträgt sieben Lenkflugkörper oder 400 Schuß 20 mm-Munition.

Einige technische Daten des Panzers WIESEL:

Gewicht: 2,8 t;

Leistung: 64 kW (87 PS); Geschwindigkeit: 75 km/h;

Besatzung: 3 bzw. 2 Mann;

Bewaffnung: 1 – 20 mm-Maschinenkanone oder TOW Raketensystem.

Herr **Klaus Wehler, Planckstr. 32, 29221 Celle, Tel. 05141/6465** hat drei Modelle des WIESEL im Maßstab 1:8 gebaut und schickte mir folgenden Bericht.

„Neben einigen anderen Modellen im Maßstab 1:8, die den Originalen der Bundeswehr nachgebaut sind, besitze ich jetzt auch noch drei WIESEL im Maßstab 1:8. Es handelt sich hierbei um die gepanzerten Waffenträger WIESEL 1 MK 20 (Maschinenkanone 20 mm) und WIESEL 1 TOW sowie den WIESEL 2 in der Sanitätsversion.

Da ich als Mitglied der Reservistenkameradschaft Nienburg festgestellt hatte, daß weitgehend nur Modelle von Kampffahrzeugen existieren, kam ich zu dem Entschluß, ein Sanitätsfahrzeug zu bauen. Was lag näher, als das neueste Fahrzeug der Bundeswehr, den noch in der Erprobung befindlichen WIESEL 2 zu wählen. Nebenbei entstanden dann auch wegen vieler baugleicher Teile die beiden WIESEL 1.

Da ich über eine eher spärliche Maschinen- und Werkzeugausrüstung verfüge, stellte ich Kontakt zu der Firma Peter Müller in Alfeld her (siehe Herstellerverzeichnis), die diese Fahrzeuge in wesentlichen Teilen fertigt.

Zur Vorbereitung sammelte ich sämtliche verfügbaren Bilder aus Zeitschriften und Zeitungen und besorgte mir ein bis dahin neu erschienenes Plastikmodell im Maßstab 1:35. Ferner nahm ich Kontakt zur wehrtechnischen Industrie auf, die mir und Herrn Müller großzügig erlaubte, am Original Maß zu nehmen und Skizzen anzufertigen. Eine Zeichnung des San.-Pz WIESEL 2 wurde uns ebenfalls überlassen. So ausgerüstet konnte die Arbeit beginnen, wobei die einzelnen Teile (Bleche usw.) von Herrn Müller zunächst zeichnerisch erfaßt wurden.

Modell des WIESEL 1 TOW im Maßstab 1:8 von Herrn Wehler

Modell des WIESEL 1 MK 20 im Maßstab 1:8 von Herrn Wehler

Die zugeschnittenen Bleche aus 1,5 bis 2 mm starken Aluminium wurden im richtigen Winkel miteinander verschraubt und/oder verklebt. Die Laufrollen sind aus Aluguß hergestellt. Als Ketten für alle drei Modelle habe ich die neuen Endverbinderketten gewählt. Die einzelnen Kettenglieder bestehen aus Mittelteilen mit Mittelführungssteg, Bolzen und Endverbindern. Die Mittelteile sind aus Kunststoff mit beigemischten Metallspänen gegossen. Die Spannung der beiden Ketten wird wie beim Vorbild über eine originalgetreue Spannvorrichtung am Leitrad, das ja zugleich Laufrad ist, erreicht. Die Schwingarme, die beim Original mit halben Drehstäben gefedert sind, wurden im Modell mit Schraubenfedern versehen und innen am Wannenboden abgestützt. Dadurch ergibt sich am Wannenboden viel Platz zum Lagern der NiCd-Akkus für die Stromversorgung. Als Antrieb dient für jede Kette ein 12-Volt-E-Motor mit vorgesetztem Getriebe. Die Kraftübertragung auf das Antriebsrad geschieht mittels Ketten, die Motoren geben den Modellen eine dem Original entsprechende, wieselflinke Beweglichkeit.

Da sich alle meine Modelle auch im schwersten Gelände bewähren müssen, bin ich durch erste Fahrerprobung erfahrener geworden und beschloß, auch die Laufrollen mit Kugellagern zu bestücken, wodurch ein Verdrecken und Verstauben der Achsen verhindert wird und die Modelle noch leichtfüßiger laufen. Wie bei den Originalen habe ich die Laufräder mit einer Gummibandage versehen, hierzu habe ich einfach Scheiben von einem Fahrradschlauch abgeschnitten und mit einigen Klebepunkten fixiert.

Die Scheinwerfer sind mit 12-Volt-Glühbirnen ausgestattet, die Rücklichter sind aus Leuchtdioden mit quadratischem Querschnitt zusammengesetzt. Bei allen Modellen sind die Fahrer- wie auch Kommandanten- und Ladeschützenluken zu

Modell des San.-PZ WIESEL 2 im Maßstab 1:8 von Herrn Wehler

öffnen, unter diesen habe ich Schalter und Ladebuchsen versteckt. Beim Sanitäts-WIESEL ist die hintere, zweiflügelige Tür wie beim Original weit zu öffnen. Da sich durch die Verwendung der flach liegenden NiCd-Akkus auf dem Wannenboden viel Platz ergab, plane ich, irgendwann einmal eine Inneneinrichtung nachzurüsten. Für den leichten Zugang in das Innere der Modelle ist durch das problemlose Abnehmen der Oberwanne gesorgt."

10.9 Minenvernichtungspanzer KEILER

Mit dem Minenvernichtungspanzer können verminte Gebiete geräumt werden. Unter gefechtsmäßigen Bedingungen lassen sich mit der verwendeten Schleudertechnik Gassen von 4,7 m Breite und einer Bodentiefe von 0,25 m – auch bei festem Grund – von Minen räumen.

Einige technische Daten des Minenvernichtungspanzers KEILER:

Abmessungen L × B × H: 7,4 m × 3,8 m × 3,6 m;

Gewicht: 51,8 t;

Geschwindigkeit: 50 km/h;

Besatzung: 2 Mann.

Minenvernichtungspanzer KEILER (Foto: MaK)

10.10 Panzerhaubitze 2000

Am 01. Juli 1998 wurde das erste Seriengerät der PzH 2000 im Rahmen einer feierlichen Übergabe in Kassel vom Generalunternehmer KMW an die Bundeswehr übergeben. Bis Ende des Jahres 2002 werden 185 Systeme an die Bundeswehr ausgeliefert werden.

Die PzH 2000 gilt heute als das modernste Artilleriesystem der Welt. Mit 60 Schuß Kampfbeladung, einer Reichweite von 30 km mit NATO-Standardmunition und bis zu 40 km mit nachbeschleunigter Munition und einem vollautomatischen Geschoßfluß, der eine Kadenz von bis zu 10 Schuß pro Minute ermöglicht, setzt dieses Artilleriesystem weltweit Maßstäbe. Mit der neu entwickelten 155 mm L52-Waffe können sämtliche in der NATO eingeführten Geschosse und Treibladungen verschossen werden.

Hohe Autonomie, optimaler Schutz für die Besatzung sowie eine hohe Einsatzbereitschaft aufgrund zahlreicher abgestufter Betriebsarten ermöglichen der PzH 2000 die Einbindung in moderne Artillerie-Führungssysteme. In der Erprobungsphase konnte sogar in Schweden das Schießen auf bewegliche Seeziele mit großem Erfolg nachgewiesen werden. Die PzH 2000 mit ihrem großen Einsatzspektrum ist damit wesentliches Element der Kampfunterstüzung auch in zukünftigen Einsatz- und Krisenszenarien.

Die fortschrittliche Technologien und das modulare Konzept ermöglichen die Erfüllung aller Forderungen des Bedarfsträgers an ein modernes zukünftiges Artilleriegeschütz. Die PzH 2000 ist damit qualifiziert, das Standardgeschütz der Zukunft in zahlreichen Ländern zu werden.

Panzerhaubitze 2000 (Foto: MaK)

Ein Modell der Panzerhaubitze 2000 im Maßstab 1:7 baute Herr **Heinz Rabenstein, Klinkenweg 28, 50189 Elsdorf, Tel. 02274/3853**.

Panzerhaubitze 2000 im Maßstab 1:7

Ein Blick auf die in der Wanne untergebrachte Elektronik

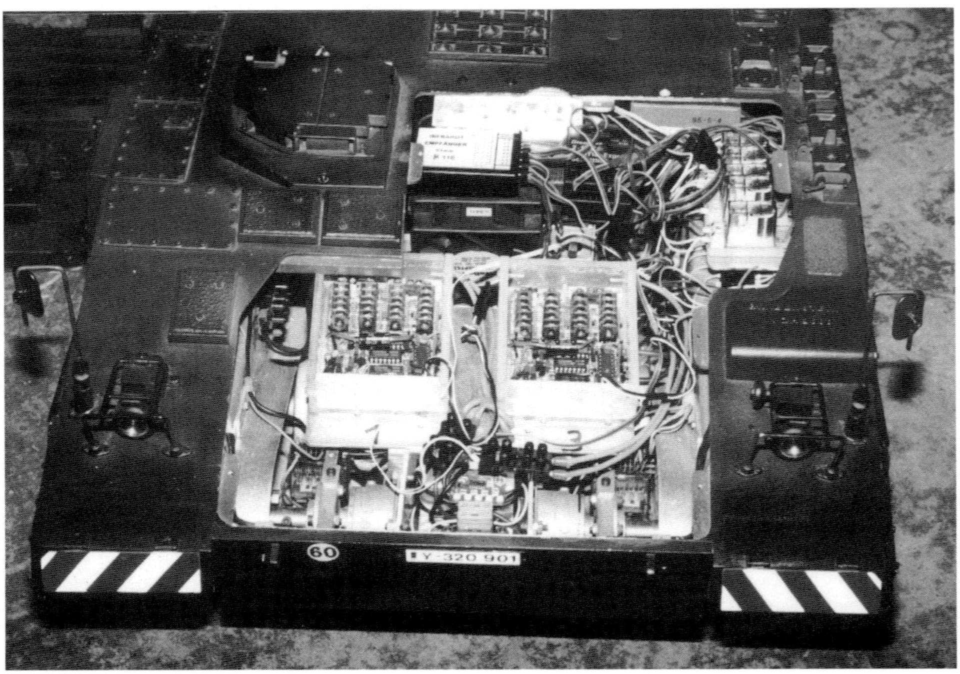

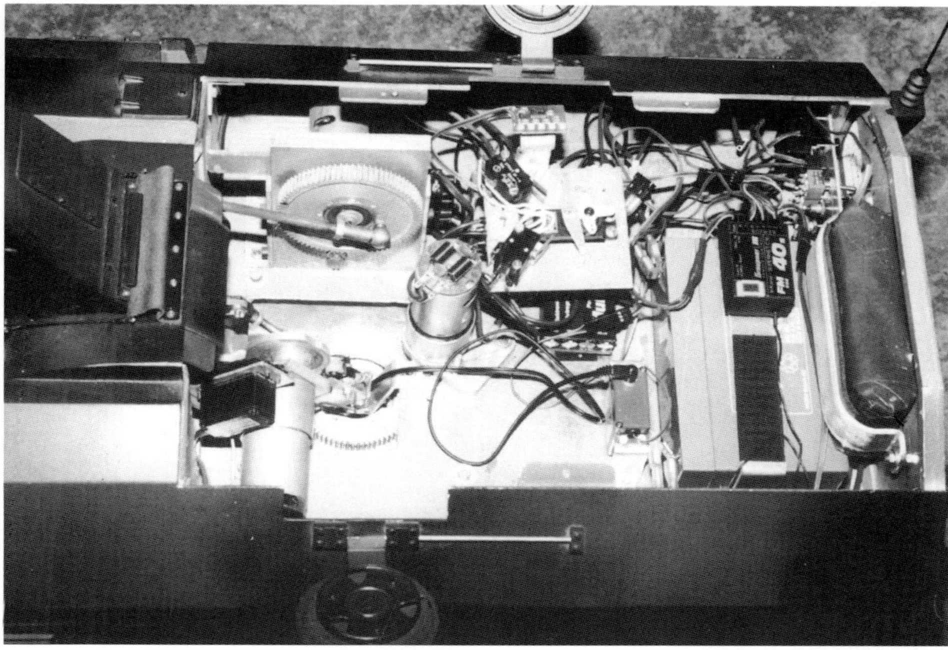

Ein Blick in den Turm mit der Schießanlage

Der Antrieb des Modells erfolgt über zwei Lüftermotoren aus einem PKW, die über zwei Fahrtregler der Firma Nessel (60–120 A, 24 Volt für Voraus- und Rückwärtsfahrt) gesteuert werden. Die Kraftübertragung erfolgt vom Motor zum Kettenantrieb über ein Ritzel mit 10 Zähnen auf die Antriebswelle (30 Zähne). Für den Turmantrieb wurde ein 6-V-Motor mit Untersetzungsgetriebe verwendet, der auf einen Zahnkranz arbeitet. Im Turm eingebaut ist eine Schießanlage für acht Schuß 9-mm-Platzpatronen.

10.11 Spähpanzer LUCHS

Der Spähpanzer LUCHS ist ein allradgetriebenes, gepanzertes und schwimmfähiges Aufklärungsfahrzeug mit einer Besatzung von vier Mann. Kommandant und Richtschütze befinden sich im Turm, außer dem im Bug plazierten Fahrer verfügt der LUCHS noch über einen sog. Rückwärtsfahrer, der zusätzlich auch noch die Funktion des Funkers übernimmt. Der Rückwärtsfahrer ist deshalb notwendig, da der LUCHS durch seine technische Ausrüstung in der Lage ist, vorwärts wie rückwärts gleich schnell zu fahren. Dies bietet den Vorteil, daß es in kritischen Aufklärungssituationen nicht notwendig ist, das Fahrzeug erst zu wenden, sondern es kann sofort ein schneller Rückmarsch angetreten werden. In diesem Fall übernimmt dann der Rückwärtsfahrer die Funktion des Fahrers.

Wahlweise läßt sich der LUCHS mit Zwei- oder Vierachslenkung fahren, er ist damit sehr wendig und manövrierfähig. Angetrieben wird der Spähpanzer von einem 10-Zyl.-Dieselmotor, mit dem er eine Geschwindigkeit von 90 km/h er-

Spähpanzer LUCHS im Maßstab 1:8 von Herrn Rathke

reicht. Bei der Wasserfahrt erfolgt der Antrieb durch zwei am Heck befindliche Ruderpropeller. Als Hauptwaffe dient eine 20 mm-Maschinenkanone, am Lukenring des Kommandanten besteht die Möglichkeit, zusätzlich ein7,62 mm-Fla-MG zu installieren.

Während bisher hauptsächlich Panzermodelle mit Kettenantrieb gebaut wurden, ist es erfreulich festzustellen, daß gerade in letzter Zeit auch einige Radpanzer der Bundeswehr nachgebaut wurden. Ein Model des Spähpanzers LUCHS im Maßstab 1:8 hat Herr **Hans J. Rathke, in der Stuken 13, 21337 Lüneburg, Tel. 04131/860792** gebaut. Den Auftrag zum Bau dieses Panzers und auch zu dem des im nächsten Kapitel beschriebenen Transportpanzers FUCHS erhielt Herr Rathke von Herrn Klaus Wehler, der auch Eigentümer dieser Modelle ist. Der LUCHS wurde erstmals im November '97 anläßlich der Hamburger Modellbautage von Herrn Wehler der Öffentlichkeit vorgestellt. Doch lassen wir nun Herrn Rathke zu Wort kommen:

„Das Modell besteht aus zwei leicht trennbaren Teilen, dem Fahrgestell mit Antriebs- und Elektronikkomponenten sowie der aus laminiertem Epoxi-Harz gefertigten Oberwanne mit Turm. Das Fahrwerk ist wie beim Original aufgebaut. Die beiden Vorder- und Hinterachsen, die an Längslenkern geführt sind, stützten sich auf Schraubenfedern ab, die paarweise seitlich an einer symmetrischen Pendelschwinge aufliegen. Durch diese oberhalb der Räder liegende Pendelschwinge wird eine extreme Achs-Ein-und -Ausfederung erreicht. Das Modell hat wie das Original Allrad-Lenkung, die wahlweise über beide Vorderachsen und/oder beide Hinterachsen während der Fahrt wirkt. Ferner läßt sich ein sog. „Hundegang" schalten, bei dem das Fahrzeug auch schräg seitlich fahren kann. Das Getriebe hatte ursprünglich zwei sich überlagernde Motoren, durch diese Anordnung konnte stufenlos in zwei Drehzahlbereichen gefahren werden. Die Fahrerprobung ergab jedoch, daß dieser technische Aufwand praktisch nicht genutzt wurde. Da der Fahrtregler den gesamten Drehzahlbereich bei 24 Volt problemlos regelte, wurde die Aufschaltung des zweiten Antriebes über ein Ausgleichsgetriebe oft vergessen. Den zweiten Gang habe ich deshalb und auch wegen des starken Verschleißes im Ausgleichsgetriebe wieder entfernt.

Die hohe Geländegängigkeit des Modells wird auch durch die maßstabsgetreue Bodenfreiheit von fast 60 mm und 8 Reibungsstoßdämpfer erreicht. Der auf der Oberwanne drehbare Turm mit der 20 mm-Schnellfeuerkanone ist mit dem neuesten Wärmebild-Ziel- und Beobachtungsgerät ausgeführt und besitzt koaxial zum Rohr einen Mini-Laser, mit dem Ziele bis zu ca. 10 m Entfernung mit Licht „beschossen" werden können. Bei Aktivierung des Lasers schaltet sich eine Rundumkennleuchte ein. Zur Schußdarstellung ist ein Geräuschmodul installiert, das mit den Originalgeräuschen programmiert wurde."

10.12 Transportpanzer FUCHS

Der Transportpanzer FUCHS wird in 22 Varianten bei den Kampf- und Einsatzunterstützungstruppen eingesetzt. Er ist ein geländegängiges, gepanzertes Radfahrzeug, das eine selbsttragende Wanne aus Panzerstahlblech besitzt. Alle Räder der drei Achsen sind angetrieben, die beiden vorderen sind als Lenkachsen ausgebildet. Der FUCHS ist voll schwimmfähig.

Nach dem Spähpanzer LUCHS hat Herr **Hans J. Rathke** auch noch den Transportpanzer FUCHS ebenfalls im Maßstab 1:8 gebaut. Hier sein Bericht:

„Meine gesammelten Erfahrungen bei der Entwicklung eines Baukastens für einen schwimmfähigen FUCHS im Maßstab 1:15 konnte ich für das Modell im Maßstab 1:8 gut verwerten. Eine wichtige Erkenntnis war zum Beispiel die für eine Amphibie sehr wichtige Berechnung des Auftriebes. Besonderen Wert für den Auftrieb bilden die Hohl-Reifen und eine extreme Leichtbauweise des Modells. Die verwendeten Materialien bestehen hauptsächlich aus ABS und Aluminium.

Eine weitere Erfahrung wurde auch noch übernommen, nämlich die, dass Elemente, die nicht sicher abgedichtet werden können, einfach ohne Dichtung konstruiert sein sollten. Dies betrifft vor allem die Achsen und den empfindlichen Bereich der Abdichtung des Wannenkörpers an den Austrittsöffnungen der Achs- und Schwimm-Antriebswellen. Für die Achsen habe ich die Abdichtungen ganz vernachlässigt, dafür die Möglichkeiten für Wasserablauf, gut zugängliche Schmierstellen und rostfreie Elemente bevorzugt. Wenn die Wellen und Lager aus rostfreiem Material bestehen und Zahnräder selbstreinigend ausgelegt sind, stellt Wasser, das ablaufen kann, keine ernsthafte Gefahr dar.

Der Antriebsmotor mit angeflanschtem Reduziergetriebe für die Schottelpropeller des Schwimmantriebes steht (wie auch die Lenkrudermachine der Vorderachse) zum Beispiel senkrecht in einer unten ganz offenen Kammer der Wanne. Da diese Kammer im Wasser wie eine Taucherglocke nur sehr wenig Wasser in sich aufsteigen läßt, bleibt der Elektromotor trocken, die Antriebswelle ragt dagegen nach unten ins Wasser und treibt den Propellerantrieb beidseitig ohne Probleme an. Wichtig ist bei dieser Bauweise jedoch, daß nach jedem Wassereinsatz eine intensive Wartung erfolgen muß.

Wie mein Modell des LUCHS ist auch der FUCHS zweigeteilt konstruiert. Die Oberwanne mit allen interessanten Details bildet eine Einheit, sie kann nach Entriegelung und Abziehen des Mehrfachsteckers nach oben von der unterer Wanne abgezogen, abgelegt und „bearbeitet“ werden.

Die Unterwanne mit Fahrgestell bildet das eigentliche Grundfahrzeug, das eigentlich auch ohne Oberwanne funktionsfähig ist. Die Unterwanne ist kastenförmig und ragt bis unter die Dachfläche der Oberwanne auf, sie liegt somit weit

Transportpanzer FUCHS im Maßstab 1:8 von Herrn Rathke

Ein Original des Transportpanzers FUCHS

höher als die Wasserlinie des Fahrzeuges und ist über die gesamte Grundfläche oben offen.

Der 12-V-Motor GT 500/8 ist mit einem 2-Gang-Getriebe fest verschraubt und bildet eine Antriebseinheit, die mit wenigen Handgriffen nach oben aus dem Getriebeschacht herausgezogen werden kann. Dieser Getriebeschacht ragt innen auch über die Wasserlinie nach oben hinaus und ist geflutet. Bei dieser Bauweise ist es nicht verwunderlich, daß für den unerwünschten Notfall auch zwei Lenzpumpen in der Unterwanne installiert sind. Ein elektronischer Wassermelder schaltet ferner bei Wassereinbruch eine Sirene ein.

In der ersten Vorderachse ist ein selbstsperrendes Torsen-Differential eingebaut, die zweite und dritte Achse werden mechanisch gesperrt. Mit gesperrten Achsen ist das Anlanden aus dem Wasser völlig problemlos.“

Ein weiteres Modell des Transportpanzers FUCHS hat Herr **Olaf Hackbarth, Feldmannhof 8, 30419 Hannover, Tel./Fax 0511/7590800** im Maßstab 1:8 gebaut. Hier sein Bericht:

„Das Modell besteht komplett aus Aluminium und hat ein Gewicht von 35 kg. Mein Modell des FUCHS ist zwar nicht schwimmfähig, aber die Antriebspropeller für die Wasserfahrt sind funktionsfähig. Ferner lassen sich alle Türen und Luken öffnen.

Der Fahrerraum ist vorbildgetreu ausgebaut, selbst eine Winkerkelle, Zündschlüssel und eine Zigarettenschachtel sind zu sehen. Das Armaturenbrett ist beleuchtet, im Fahrerraum ist die rote Tarnbeleuchtung zu sehen. Die Hauptbeleuchtung, Tarnlicht, Warnblinkanlage und Rundumkennleuchte sind wie beim Original vorhanden. Sämtliche Halterungen und Werkzeuge wurden mit sehr viel Liebe zum Detail gefertigt, in den Behältern auf dem Dach befindet sich Stacheldraht. Alle Abzeichen und Nummernschilder wurden von einem echten FUCHS abfotografiert und auf Klebefolie kopiert.

Transportpanzer FUCHS im Maßstab 1:8 von Herrn Hackbarth

Angetrieben wird das Modell von einem 24-V-Elektromotor, ein Geräuschmodul sorgt während der Fahrt für den richtigen Sound."

Was bei diesem Modell von Herrn Hackbarth noch besonders erwähnenswert ist, ist die Tatsache, daß es mehr oder weniger nur nach Augenmaß und ohne jede Vorlage gebaut wurde. Trotzdem ist es vom Original kaum zu unterscheiden.

Quellenverzeichnis:

Die Kampfpanzer LEOPARD und ihre Abarten von Walter J. Spielberger,
MOTORBUCH VERLAG, Stuttgart

Kampfpanzer LEOPARD von Raimund Knecht,
Wehr & Wissen Verlag SOLDAT und TECHNIK

Panzer und andere Kampffahrzeuge von 1916 bis heute
Buch- und Zeit Verlagsgesellschaft mbH, Köln

Waffensysteme der Bundeswehr
Report Verlag

Notizen